Vieweg Programmbibliothek
Taschenrechner 8

Maschinenbau
(TI-58/59, HP-41C, FX-502/602 P)

Vieweg Programmbibliothek Taschenrechner

Herausgegeben von Helmut Alt/Harald Schumny

Band 1
Programmierung mathematischer Algorithmen

Band 2
Taschenrechnerarithmetik
mit erhöhter Genauigkeit (TI-59/HP-41 C/CV)

Band 3
Spezielle mathematische
Algorithmen (HP-41 C/TI-58/59)

Band 4
Schreiben, Zeichnen, Tabellieren (TI-59/HP-41 C)

Band 5
Spiele (TI-56, HP-41 C)

Band 6
Geodätische Programme (HP-11 C)

Band 7
Kryptologie (HP-41 C/CV)

Band 8
Maschinenbau (TI-58/59, HP-41 C, FX 502/602 P)

Vieweg Programmbibliothek
Taschenrechner Band 8

Helmut Alt/Harald Schumny (Hrsg.)

Maschinenbau (TI–58/59, HP–41 C, FX–502/602 P)

Verbindungstechnik, Verformungstechnik
Getriebetechnik, Wärmeabfuhr

Mit 9 ausführlich
erläuterten Programmen

Friedr. Vieweg & Sohn Braunschweig / Wiesbaden

Die Autoren des Bandes

Dipl.-Ing. (FH) Erich Christian
Dillstr. 5
6370 Oberursel

Konstruktionsingenieur in der Luftfahrttechnik

Dipl.-Ing. Jürgen Ritzenhoff
Unterbank 16
4600 Dortmund-Dorstfeld

Nachrichtentechniker, Software-Entwickler

Ing. (grad.) Hans Krissler
Brunnenwiesenweg 44
7061 Lichtenwald 2

Konstruktionsingenieur

Ing. Peter Dahms VDI
Zerndorfer Weg 60
1000 Berlin 28

Maschinenbauingenieur, zuständig für die Anwendungstechnik – Hydraulik/Zentralschmierung

Dipl.-Ing. Gerhard Eckerle
Bahnhofstr. 22
7500 Karlsruhe 1

Ingenieur für Heizung, Lüftung, Klima, Kälte

1984

Satz: Friedr. Vieweg & Sohn, Braunschweig

ISBN-13: 978-3-528-04262-2 e-ISBN-13: 978-3-322-85906-8
DOI: 10.1007/978-3-322-85906-8

Inhaltsverzeichnis

Inhaltsverzeichnis

Einführung

In diesem 8. Band der Vieweg-Programmbibliothek sind praxisorientierte Programmanwendungen aus dem Bereich Maschinenbau für drei verschiedene Rechnertypen zusammengestellt.

Im ersten Beitrag befaßt sich *E. Christian* mit der Dimensionierung von Schraubenverbindungen unter dem Einfluß von Wärmespannungen. Das Programm liefert als Ergebnis die kritischen Spannungswerte und das zulässige Anzugsmoment. Der anschließende Beitrag befaßt sich mit dem Problem der Leckverluste durch Ringspalte bei Steuerschiebern und Förderpumpen. Beide Programme sind für den Texas-Instruments-Rechner TI-59 konzipiert.

Das Problem der Breitenzunahme nach einem Walzvorgang greift *J. Ritzenhoff* zu einem Programmvorschlag zur iterativen Lösung einer Breitungsgleichung nach Ekelund mit dem Texas-Instruments-Rechner TI-58 auf.

Im vierten Beitrag befaßt sich *H. Krissler* mit einer Zahnradberechnung auf dem Hewlett Packard-Rechner HP-41C. Die Programme liefern die Bestimmungsgrößen einer Zahnradpaarung sowie die Koordinaten von Zwischenwellen.

Die drei folgenden Beiträge von *P. Dahms* basieren auf dem Casio-Rechner FX-602 P. Das erste Beispiel Druckfederberechnung liefert als Ergebnis den Drahtdurchmesser einer Druckfeder nach DIN 2089. Im zweiten und dritten Beispiel werden Programme für ein Räderkurbelgetriebe und zur Analyse einer Kurbelschwinge behandelt, ein Thema, das in systematischer Darstellung bereits in den Bänden 10 und 13 der Reihe Anwendung programmierbarer Taschenrechner abgehandelt wurde.

Die beiden letzten Beispiele von *G. Eckerle* befassen sich mit der Oberflächengestaltung von Maschinenteilen zur Erzielung einer optimalen Wärmeabfuhr an die Umgebungsluft.

Dieser Band wird innerhalb der Vieweg-Programmbibliothek insbesondere Studenten und Praktikern des Maschinenbaus den möglichen Einsatz programmierbarer Rechner aufzeigen und Anregungen für eigene Problemlösungen in diesem Fachgebiet liefern.

Die Herausgeber

Berechnung von Schraubenverbindungen, TI–59

von Erich Christian

1 AUFGABENSTELLUNG

Sind Schraube und die zu verschraubenden Flanschteile aus verschiedenen Werkstoffen, dann treten bei Temperaturschwankungen auch entsprechende Änderungen in der Vorspannkraft und der davon abhängigen Werkstoffspannung auf.

Dieser Umstand muß bei der Bemessung der Vorspannung, und damit bei der Festlegung des Anzugsmomentes mit berücksichtigt werden.

Vielfach werden Leichtmetallflansche mit Stahlschrauben verbunden. In solchen Fällen wird sich bei Temperaturerhöhungen, infolge der unterschiedlichen Wärmeausdehnung der beiden Werkstoffe, auch eine entsprechende Erhöhung der Vorspannkraft einstellen, die dann bei dynamischer Belastung auch eine entsprechende Erhöhung der Maximallast F_o mit sich bringt.
Hier muß für die Berechnung des Anzugsmomentes eine entsprechend geringere Vorspannung in Ansatz gebracht werden.

2 LÖSUNGSWEG

2.1 Theoretische Grundlagen

Die Längenausdehnungsdifferenz durch Wärmeeinwirkung auf zwei verschiedene Werkstoffe errechnet sich nach der Gleichung

$$\lambda_t = L_K \cdot (\alpha_F - \alpha_S) \cdot \Delta t$$

Hierin ist α_F die Ausdehnungszahl für die Flanschteile
α_S die Ausdehnungszahl für die Schraube
L_K die Klemmlänge

Die Veränderung der Länge lässt sich im Verspannungsdreieck (Rötscher-Diagramm) folgendermaßen darstellen.

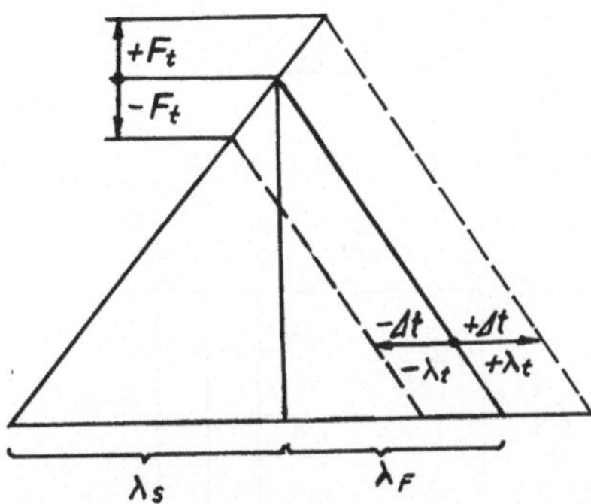

Es ist zu erkennen, daß bei positivem λ_t eine Vorspannungserhöhung und bei negativem λ_t eine Vorspannungssenkung eintritt. Dabei verhält sich

$$\frac{F_V}{\lambda_S + \lambda_F} = \frac{F_t}{\lambda_t}$$

Setzt man für

$$\lambda_t = L_K \cdot (\alpha_F - \alpha_S) \cdot \Delta t$$

und für

$$\lambda_S = \frac{F_V}{C_S} \quad \text{sowie} \quad \lambda_F = \frac{F_V}{C_F}$$

dann ergibt sich als temperaturabhängige Zusatzlast

$$F_t = \frac{c_F \cdot c_S \; L_K \; (\alpha_F - \alpha_S) \cdot \Delta t}{c_F + c_S}$$

Ein negatives Ergebnis bedeutet dabei eine entsprechende Minderung der Vorspannkraft.

Diese zusätzliche Kraft F_t muß bei der Berechnung des Anzugsmomentes entweder von der Vorspannkraft F_V abgezogen werden, oder man muß prüfen, ob $F_V + F_t$ bei Berücksichtigung der Betriebslast F_B keine unzulässigen Spannungen erzeugt.

Unter Anwendung der Gleichung

$$F_D = F_B \frac{c_S}{c_F + c_S}$$

erhält man die Maximallast

$$F_{ot} = F_V + F_t + F_{Bmax}\frac{c_S}{c_F + c_S}$$

oder

$$F_{ot} = F_V + \frac{c_S\,[F_{Bmax} + c_F\,L_K\cdot\Delta t\cdot(\alpha_F - \alpha_S)]}{c_F + c_S}$$

analog steigert sich dann auch der untere Lastwert auf

$$F_{ut} = F_V + \frac{c_S\,[F_{Bmin} + c_F\cdot L_K\cdot\Delta t\;(\alpha_F - \alpha_S)]}{c_F + c_S}$$

Mittelkraft und Ausschlagkraft ergeben sich dann nach den bekannten Gleichungen

$$F_{mt} = \frac{F_{ot} + F_{ut}}{2}$$

$$\pm F_{at} = \pm\frac{F_{ot} - F_{ut}}{2}$$

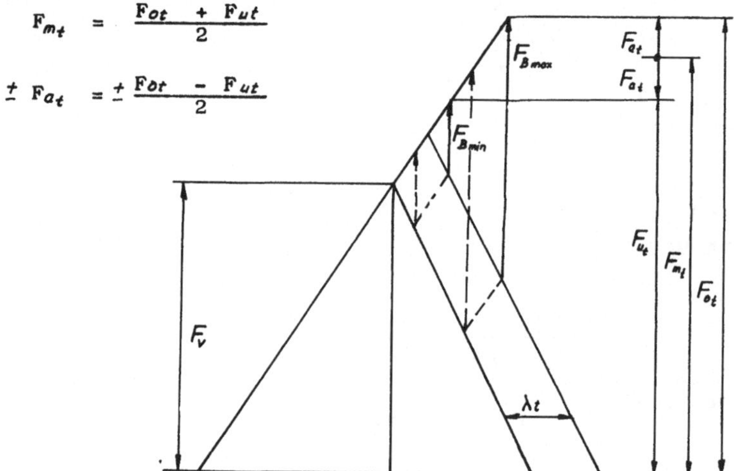

Die Federraten werden dabei nach folgenden Gleichungen bestimmt:

Für die Schraube $$c_S = \frac{E_S}{\frac{L_G + \frac{m}{2}}{A_S} + \frac{L_C}{A_C}}$$

hierin ist L_G die Gewindelänge

m die Mutterhöhe oder Einschraubtiefe

A_S der Spannungsquerschnitt

L_C die Länge des Schraubenschaftes

A_C der Schraubenschaftquerschnitt

E_S das Elastizitätsmodul des Schraubenwerkstoffes.

Für die Flanschteile

$$c_F = \frac{A_z \quad E_F}{L_K}$$

wobei

$$A_z = \frac{\pi}{4} \left[\left(s + k \frac{L_K}{2}\right)^2 - d_B^2 \right]$$

hierin ist
- s die Schlüsselweite oder der Kopfauflagedurchmesser
- k ein Werkstoffkorrekturfaktor
- L_K die Klemmlänge
- d_B der Bohrungsdurchmesser
- E_F das Elastizitätsmodul des Werkstoffs der Flanschteile.

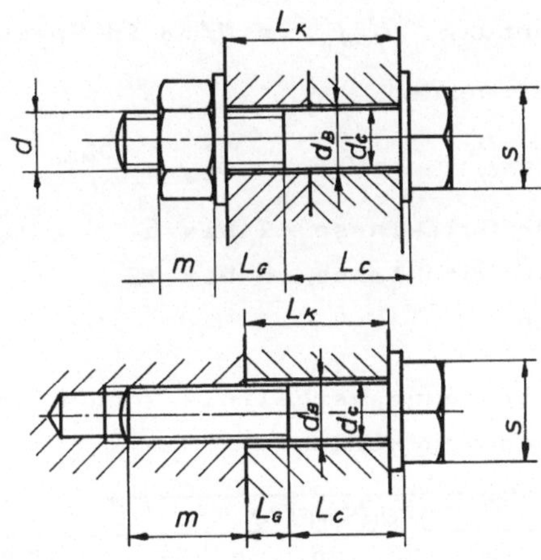

Die Berechnung des Anzugsmomentes erfolgt nach der Gleichung

$$M_a = 0{,}5 \; F_V \cdot d_2 \; (\mu' + tg\varphi + \frac{s + d}{2d_2} \; \mu_A)$$

hierin ist
- $d_2 = d - 0{,}64935 \; p$ der Flankendurchmesser des Gewindes
- p die Steigung des Gewindes
- d der Gewinde-Nenndurchmesser
- μ' die Keilreibungszahl am Gewinde
- μ_A die Reibungszahl an der Kopfauflage
- s did Schlüsselweite oder der Durchmesser der Kopfauflage
- φ der Steigungswinkel des Gewindes

wobei $$tg\,\varphi = \frac{p}{d_2 \cdot \pi}$$

2.2 Programmgestaltung

Das Rechenprogramm erlaubt über Programmadresse A eine Vorbestimmung des erforderlichen Spannungsquerschnittes nach der Gleichung

$$A_S = \frac{x \quad F_{B\,max}}{\sigma_{zul}}$$

sowie über Programmadresse B eine Aussage über die notwendige Vorspannkraft

$$F_V = x \cdot F_{B\,max}$$

Hierzu müssen folgende Eingaben gemacht werden:

- maximale Betriebskraft $F_{B\,max.}$ in N über Taste C'
- Vorspannungsverhältnis x in Speicher 10
- zulässige Zugspannung σ_{zul} in N/mm in Speicher 11

Für σ_{zul} kann gesetzt werden

$$\sigma_{zul} = \frac{\sigma_S}{\nu} \quad oder \quad \sigma_{zul} = \frac{\sigma_{0,2}}{\nu}$$

wobei ν = 1,25 für Güteklasse 4 bis 6
ν = 1,4 für Güteklasse 8 bis 12
angenommen werden kann.

Festigkeitswerte und Spannungsverhältnis können aus der folgenden Tabelle entnommen werden.

<table>
<tr><th colspan="13">Festigkeitswerte</th></tr>
<tr><td>Festigkeitsklasse</td><td>neu
alt</td><td>4.6
4D</td><td>4.8
4S</td><td>5.6
5D</td><td>5.8
5S</td><td>6.6
6D</td><td>6.8
6S</td><td>6.9
6G</td><td>8.8
8G</td><td>10.9
10K</td><td>12.9
12K</td><td>14.9</td></tr>
<tr><td>Zugfestigkeit σ_B N/mm²</td><td>min
max.</td><td>400
550</td><td>400
550</td><td>500
700</td><td>500
700</td><td>600
800</td><td>600
800</td><td>600
800</td><td>800
1000</td><td>1000
1200</td><td>1200
1400</td><td>1400
1600</td></tr>
<tr><td>Streckgrenze σ_S N/mm²</td><td>min.</td><td>240</td><td>320</td><td>300</td><td>400</td><td>360</td><td>480</td><td></td><td></td><td></td><td></td><td></td></tr>
<tr><td>0,2 Dehngrenze $\sigma_{0,2}$ N/mm²</td><td>min.</td><td></td><td></td><td></td><td></td><td></td><td></td><td>540</td><td>640</td><td>900</td><td>1080</td><td>1260</td></tr>
<tr><td>Dehnung δ_5 %</td><td>min.</td><td>25</td><td>14</td><td>20</td><td>10</td><td>16</td><td>8</td><td>12</td><td>12</td><td>9</td><td>8</td><td>7</td></tr>
<tr><td colspan="2">Vorspannungsverhältn. x</td><td>2,75</td><td>(4,3)</td><td>3</td><td>(4,5)</td><td>4,2</td><td>(4,7)</td><td>(4,4)</td><td>4,4</td><td>4,5</td><td>4,7</td><td>(4,7)</td></tr>
<tr><td rowspan="6">Ausschlagfestigkeit $\pm\sigma_A$, N/mm²</td><td>M6</td><td colspan="7">60</td><td colspan="3">75</td><td></td></tr>
<tr><td>M8</td><td colspan="7">50</td><td colspan="3">65</td><td></td></tr>
<tr><td>M10</td><td colspan="7">45</td><td colspan="3">55</td><td></td></tr>
<tr><td>M16</td><td colspan="7">40</td><td colspan="3">45</td><td></td></tr>
<tr><td>M24</td><td colspan="7">40</td><td colspan="3">40</td><td></td></tr>
<tr><td>M30</td><td colspan="7"></td><td colspan="3">40</td><td></td></tr>
</table>

Nach dieser Vorauslegung folgt die Auswahl der Schraubengröße nach den DIN-Tabellen und die Eingabe des zugeordneten Spannungsquerschnittes A_s in mm² über die Programmadresse A'

Die gefundene, oder auch eine korrigierte Vorspannkraft F_V in N, die für die weitere Berechnung zugrundegelegt werden soll, ist dann über Programmadresse B' einzugeben.

Soll noch eine minimale Betriebslast $F_{B\,min}$ in der Berechnung berücksichtigt werden, dann kann diese über Programmadresse D' eingegeben werden.

Alle geometrischen und physikalischen Daten werden direkt eingespeichert, und zwar

-	Gewinde-Nenndurchmesser	d in mm	Speicher 01
-	Gewindesteigung p	p in mm	Speicher 02
-	Gewindelänge bis Mutter	L_G in mm	Speicher 03
-	Mutterhöhe oder Einschraubtiefe	m in mm	Speicher 04
-	Schaftdurchmesser der Schraube	d_C in mm	Speicher 05
-	Länge des Schraubenschaftes	L_C in mm	Speicher 06
-	Schlüsselweite oder Durchmesser der Kopfauflage	s in mm	Speicher 07
-	Schraubenlochdurchmesser	d_B in mm	Speicher 08
-	Klemmlänge der Flanschteile	L_K in mm	Speicher 09
-	Elastizitätsmodul des Schraubenwerkstoffes	E_S in N/mm	Speicher 12
-	Elastizitätsmodul der Flanschwerkstoffe	E_F in N/mm	Speicher 13
-	Wärmeausdehnungsziffer des Schraubenwerkstoffes	α_S in $\frac{1}{Grd}$	Speicher 14
-	Wärmeausdehnungsziffer der Flanschwerkstoffe	α_F in $\frac{1}{Grd}$	Speicher 15
-	Korrekturfaktor	k	Speicher 20
-	Temperaturschwankung	Δt in K	Speicher 21
-	Keilreibungszahl am Gewinde	μ'	Speicher 22
-	Reibungszahl der Schraubenkopfauflage	μ_A	Speicher 23

Die Reibungszahlen μ' und μ_A können mit 0,15 bis 0,18 in die Rechnung aufgenommen werden.

Die Korrekturfaktoren k sind wie folgt anzusetzen:

- k = 0,2 für Stahl
- k = 0,25 für Grauguß
- k = 0,3 für Leichtmetalle

Die Wärmeausdehnungsziffern sind für

- Stähle	11,1 ...12	$.10^{-6}$
- Leichtmetalle	20 ... 24	$.10^{-6}$
- Messing	18 ... 19	$.10^{-6}$
- Titan	10,8	$.10^{-6}$
- G Sn Bz	17 ... 18,5	$.10^{-6}$
- Kupfer	16,2	$.10^{-6}$
- Magnesium	24,5	$.10^{-6}$
- Austenite	17 ... 18	$.10^{-6}$
- Grauguß	10,5	$.10^{-6}$
- Rotguß	17	$.10^{-6}$
- Zink	29,8	$.10^{-6}$

Nach Eingabe der vorgenannten Daten können unabhängig voneinander folgende Ergebnisse errechnet werden:

Programmadresse	E'	Obere Kraft F_{ot}	in N
	R/S	Obere Spannung i.Gewinde	in N/mm
	R/S	Obere Spannung i.Schaft	in N/mm
Programmadresse	C	Mittelkraft F_{mt}	in N
	R/S	Mittelspannung i.Gewinde	in N/mm
	R/S	Mittelspannung i.Schaft	in N/mm
Programmadresse	D	Ausschlagkraft F_a	in N
	R/S	Ausschlagspannung i.Gewinde	in N/mm
	R/S	Ausschlagspannung i.Schaft	in N/mm
Programmadresse	E	Erforderliches Anzugsmoment	in Nmm

Ergeben sich aus dieser Rechnung zu hohe oder zu niedrige Spannungswerte, so kann nach entsprechender Änderung der Vorspannung F_v (Eingabe über Programmadresse B') die Rechnung solange wiederholt werden bis zufriedenstellende Spannungswerte erreicht sind.

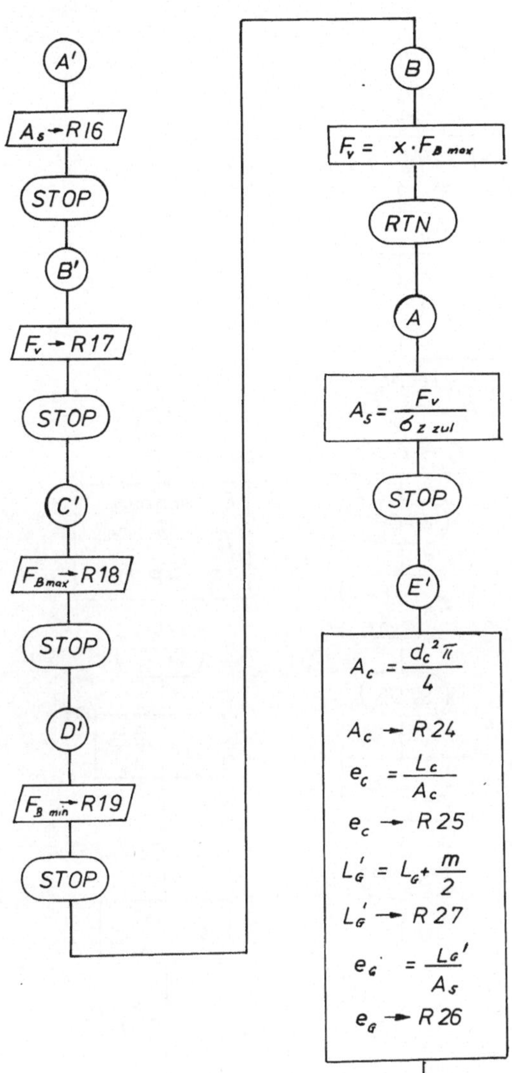
A'
As → R16
STOP
B'
Fv → R17
STOP
C'
FBmax → R18
STOP
D'
FB min → R19
STOP
B
Fv = x · FB max
RTN
A
As = Fv / σz zul
STOP
E'
Ac = dc² π / 4
Ac → R24
ec = Lc / Ac
ec → R25
L'G = LG + m/2
L'G → R27
eG = LG' / As
eG → R26

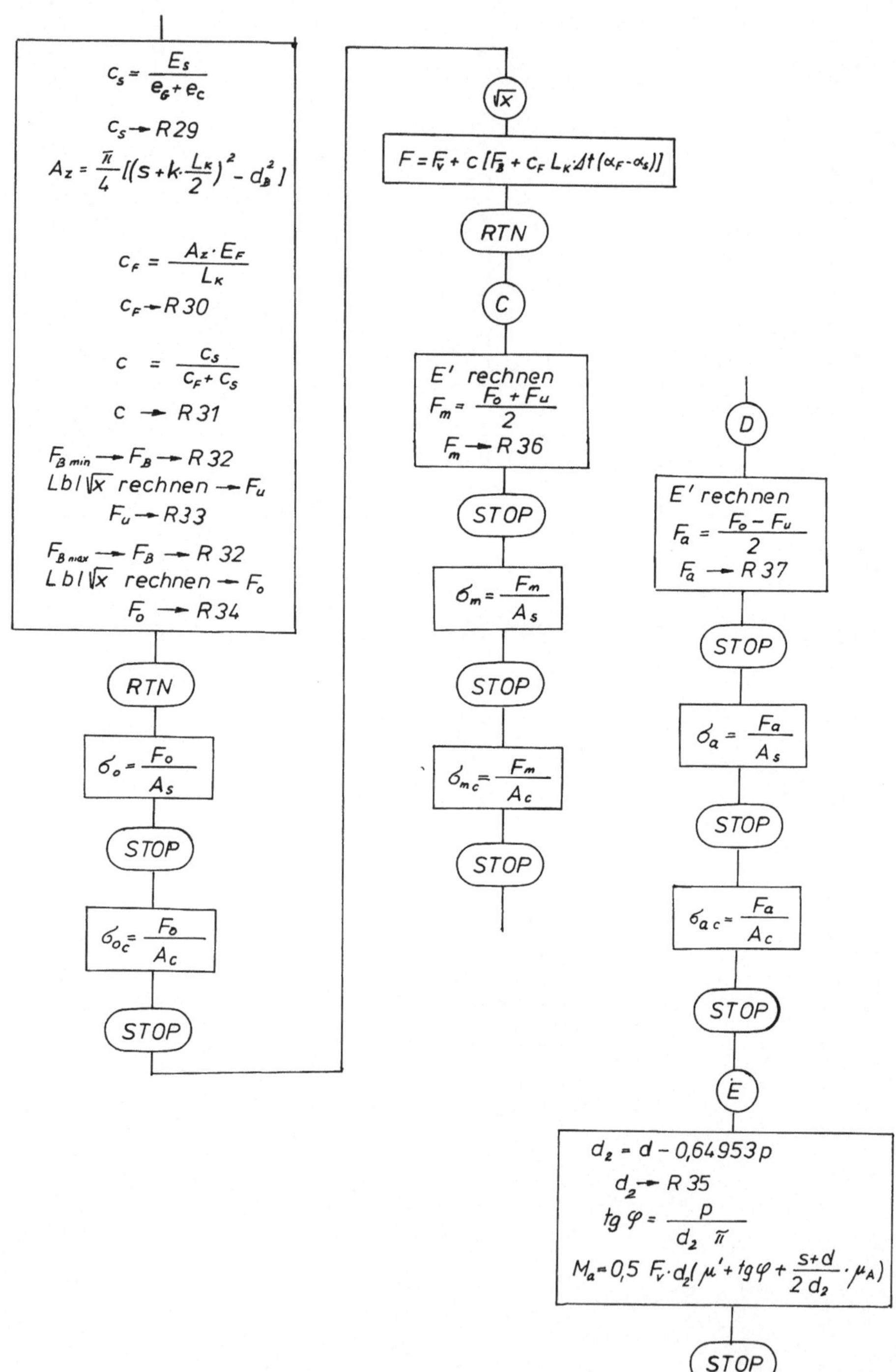

$c_S = \frac{E_S}{e_G + e_C}$
$c_S \rightarrow R29$
$A_Z = \frac{\pi}{4}[(s + k \cdot \frac{L_K}{2})^2 - d_B^2]$
$c_F = \frac{A_Z \cdot E_F}{L_K}$
$c_F \rightarrow R30$
$c = \frac{c_S}{c_F + c_S}$
$c \rightarrow R31$
$F_{B\,min} \rightarrow F_B \rightarrow R32$
Lbl $\sqrt{x}$ rechnen $\rightarrow F_u$
$F_u \rightarrow R33$
$F_{B\,max} \rightarrow F_B \rightarrow R32$
Lbl $\sqrt{x}$ rechnen $\rightarrow F_o$
$F_o \rightarrow R34$
RTN
$\sigma_o = \frac{F_o}{A_S}$
STOP
$\sigma_{oc} = \frac{F_o}{A_c}$
STOP
$\sqrt{x}$
$F = F_V + c\,[F_B + c_F\,L_K \cdot \Delta t\,(\alpha_F - \alpha_S)]$
RTN
C
E' rechnen
$F_m = \frac{F_o + F_u}{2}$
$F_m \rightarrow R36$
STOP
$\sigma_m = \frac{F_m}{A_S}$
STOP
$\sigma_{mc} = \frac{F_m}{A_c}$
STOP
D
E' rechnen
$F_a = \frac{F_o - F_u}{2}$
$F_a \rightarrow R37$
STOP
$\sigma_a = \frac{F_a}{A_S}$
STOP
$\sigma_{ac} = \frac{F_a}{A_c}$
STOP
E
$d_2 = d - 0{,}64953\,p$
$d_2 \rightarrow R35$
$tg\,\varphi = \frac{p}{d_2\,\pi}$
$M_a = 0{,}5\,F_V \cdot d_2(\mu' + tg\,\varphi + \frac{s+d}{2\,d_2} \cdot \mu_A)$
STOP

```
000  76 LBL
001  16 A'
002  42 STO
003  16  16
004  91 R/S
005  76 LBL
006  17 B'
007  42 STO
008  17  17
009  91 R/S
010  76 LBL
011  18 C'
012  42 STO
013  18  18
014  91 R/S
015  76 LBL
016  19 D'
017  42 STO
018  19  19
019  91 R/S
020  76 LBL
021  12  B
022  53  (
023  43 RCL
024  18  18
025  65  ×
026  43 RCL
027  10  10
028  54  )
029  92 RTN
030  76 LBL
031  11  A
032  71 SBR
033  12  B
034  55  ÷
035  43 RCL
036  11  11
037  95  =
038  91 R/S
039  76 LBL
040  10 E'
041  53  (
042  53  (
043  43 RCL
044  05  05
045  33 X²
046  65  ×
047  89  π
048  55  ÷
049  04  4
050  54  )
051  42 STO
052  24  24
053  35 1/X
054  65  ×
055  43 RCL
056  06  06
057  54  )
058  42 STO
059  25  25
060  53  (
061  53  (
062  43 RCL
063  03  03
064  85  +
065  43 RCL
066  04  04
067  55  ÷
068  02  2
069  54  )
070  42 STO
071  27  27
072  53  (
073  53  (
074  53  (
075  43 RCL
076  27  27
077  55  ÷
078  43 RCL
079  16  16
080  54  )
081  42 STO
082  26  26
083  85  +
084  43 RCL
085  25  25
086  54  )
087  35 1/X
088  65  ×
089  43 RCL
090  12  12
091  54  )
092  42 STO
093  29  29
094  53  (
095  53  (
096  53  (
097  53  (
098  53  (
099  53  (
100  43 RCL
101  09  09
102  55  ÷
103  02  2
104  65  ×
105  43 RCL
106  20  20
107  85  +
108  43 RCL
109  07  07
110  54  )
111  33 X²
112  75  -
113  43 RCL
114  08  08
115  33 X²
116  54  )
117  65  ×
118  89  π
119  55  ÷
120  04  4
121  54  )
122  65  ×
123  43 RCL
124  13  13
125  55  ÷
126  43 RCL
127  09  09
128  54  )
129  42 STO
130  30  30
131  85  +
132  43 RCL
133  29  29
134  54  )
135  35 1/X
136  65  ×
137  43 RCL
138  29  29
139  54  )
140  42 STO
141  31  31
142  43 RCL
143  19  19
144  42 STO
145  32  32
146  71 SBR
147  34 ΓX
148  42 STO
149  33  33
150  43 RCL
151  18  18
152  42 STO
153  32  32
154  71 SBR
155  34 ΓX
156  42 STO
157  34  34
158  92 RTN
159  55  ÷
160  43 RCL
161  16  16
162  95  =
163  91 R/S
164  43 RCL
165  34  34
166  55  ÷
167  43 RCL
168  24  24
169  95  =
170  91 R/S
171  76 LBL
172  34 ΓX
173  53  (
174  53  (
175  53  (
176  43 RCL
177  15  15
178  75  -
179  43 RCL
180  14  14
181  54  )
182  65  ×
183  43 RCL
184  21  21
185  65  ×
186  43 RCL
187  09  09
188  65  ×
189  43 RCL
190  30  30
191  85  +
192  43 RCL
193  32  32
194  54  )
195  65  ×
196  43 RCL
197  31  31
198  85  +
199  43 RCL
200  17  17
201  54  )
202  92 RTN
203  76 LBL
204  13  C
205  10 E'
206  85  +
207  43 RCL
208  33  33
209  95  =
210  55  ÷
211  02  2
212  95  =
213  42 STO
214  36  36
215  91 R/S
216  55  ÷
217  43 RCL
218  16  16
219  95  =
220  91 R/S
221  43 RCL
222  36  36
223  55  ÷
```

Fortsetzung

224	43	RCL	245	91	R/S	266	43	RCL	287	01	01
225	24	24	246	43	RCL	267	02	02	288	54	)
226	95	=	247	37	37	268	95	=	289	55	÷
227	91	R/S	248	55	÷	269	42	STO	290	02	2
228	76	LBL	249	43	RCL	270	35	35	291	55	÷
229	14	D	250	24	24	271	35	1/X	292	43	RCL
230	10	E'	251	95	=	272	65	×	293	35	35
231	75	-	252	91	R/S	273	43	RCL	294	65	×
232	43	RCL	253	76	LBL	274	02	02	295	43	RCL
233	33	33	254	15	E	275	55	÷	296	23	23
234	95	=	255	53	(	276	89	π	297	54	)
235	55	÷	256	43	RCL	277	95	=	298	65	×
236	02	2	257	01	01	278	85	+	299	43	RCL
237	95	=	258	75	-	279	43	RCL	300	35	35
238	42	STO	259	93	.	280	22	22	301	65	×
239	37	37	260	06	6	281	85	+	302	43	RCL
240	91	R/S	261	04	4	282	53	(	303	17	17
241	55	÷	262	09	9	283	43	RCL	304	55	÷
242	43	RCL	263	05	5	284	07	07	305	02	2
243	16	16	264	03	3	285	85	+	306	95	=
244	95	=	265	65	×	286	43	RCL	307	91	R/S
									308	81	RST

3 BEISPIEL

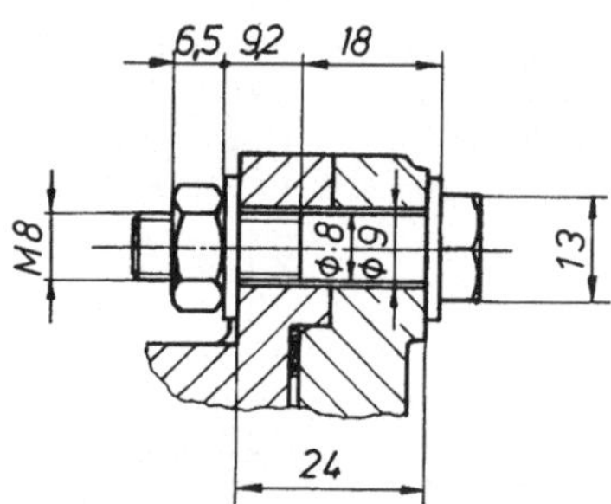

Die Schrauben zur Befestigung eines Deckels zu einem Leichtmetallgehäuse werden durch eine schwellend auftretende Betriebslast beansprucht, die sich zwischen 2500 N und 1250 N bewegt.

Der Werkstoff von Gehäuse und Deckel ist ALCOA A 356 mit einem Elastizitätsmodul $E_F = 73\ 500\ \text{N/mm}^2$ und einer Wärmeausdehnungsziffer $\alpha_F = 24 \cdot 10^{-6}$ 1/Grad

Als Schrauben sollen solche der Qualität 8.8 vorgesehen werden.

Streckgrenze des Schraubenwerkstoffes $\sigma_S = 640\ N/mm^2$

$\nu = 1,4$

damit wird

$$\sigma_{zul} = \frac{\sigma_S}{\nu} = \frac{640}{1,4} = 457\ N/mm^2$$

Elastizitätsmodul des Schraubenwerkstoffes

$E_S = 210\ 000\ N/mm^2$

Wärmeausdehnungsziffer des Schraubenwerkstoffes

$\alpha_S = 11,1 . 10^{-6}$ 1/Grad

Die Arbeitstemperatur des Gerätes bewegt sich zwischen + 20 und + 80 °C.

3.1 Vorauslegung

Eingabe $F_{B\,max} = 2500\ N$ über Taste C'

$x = 4,4$ (aus Tabelle) in Speicher 10

$\sigma_{zul} = 457\ N/mm^2$ in Speicher 11

Abruf Taste A erforderlicher Spannungsquerschnitt

$A_{S\,min} = 24,07\ mm^2$

Taste B erforderliche Vorspannkraft

$F_V = 11\ 000\ N$

Diese wird über Taste B' für die weitere Berechnung eingegeben.

3.2 Nachrechnung

Auswahl der Schraube nach vorliegendem erforderlichem Spannungsquerschnitt ergibt:

Sechskantschraube M 8 x 40 DIN 931 m 8.8

mit einem Spannungsquerschnitt $A_S = 36,6\ mm^2$.

Dieser wird über Taste A' eingegeben.

Über Taste D' folgt die Eingabe der minimalen Betriebslast $F_{B\,min} = 1250\ N$

In die Speicher werden direkt eingegeben:

- Schrauben-Nenndurchmesser $d = 8$ Speicher 01
- Gewindesteigung $p = 1,25$ " 02
- Gewindelänge $L_G = 9,2$ " 03
- Mutterhöhe $m = 6,5$ " 04

-	Schaftdurchmesser	d_c = 8	Speicher	05
-	Schaftlänge	L_c = 18	"	06
-	Schlüsselweite	s = 13	"	07
-	Schraubenlochdurchmesser	d_B = 9	"	08
-	Klemmlänge	L_K = 24	"	09
-	E-Modul der Schraube	E_S = 210 000	"	12
-	E-Modul der Flanschteile	E_F = 73 500	"	13
-	Wärmeziffer der Schraube	$\alpha_S = 11{,}1 . 10^{-6}$	"	14
-	Wärmeziffer Leichtmetall	$\alpha_F = 24 . 10^{-6}$	"	15
-	k für Leichtmetalle	k = 0,3	"	20
-	Temperaturschwankung	Δt = 60	"	21
-	Reibungsziffer	μ' = 0,16	"	22
-	Reibungsziffer	μ_A = 0,15	"	23

Abruf:

Taste E'	Obere Kraft	F_o	15379.06639	N
R/S		σ_{oG}	420.1930707	N/mm²
R/S		σ_{oC}	305.9568045	N/mm²
Taste C	Mittelkraft	F_m	15134.54692	N
R/S		σ_{mG}	413.5122109	N/mm²
R/S		σ_{mC}	301.0922442	N/mm²
Taste D	Ausschlagkraft	F_a	244.5194688	N
R/S		σ_{aG}	6.680859803	N/mm²
R/S		σ_{aC}	4.864560267	N/mm²
Taste E	Anzugsmoment	M_A	17176.39747	Nmm

Speicherbelegung:

0.	00	1250.	19
8.	01	0.3	20
1.25	02	60.	21
9.2	03	0.16	22
6.5	04	0.15	23
8.	05	50.26548246	24
18.	06	0.358098622	25
13.	07	.3401639344	26
9.	08	12.45	27
24.	09	0.	28
4.4	10	300746.4715	29
457.	11	467971.6417	30
210000.	12	.3912311501	31
73500.	13	2500.	32
0.0000111	14	14890.02745	33
0.000024	15	15379.06639	34
36.6	16	7.1880875	35
11000.	17	15134.54692	36
2500.	18	244.5194688	37

Berechnung der Volumenströme, Druckverluste und Paßspiele für Ringspaltdrosseln, TI–59

von Erich Christian

1 AUFGABENSTELLUNG

Bei hydraulisch arbeitenden Systemen benötigt man oft eine Bilanz über die möglichen Verbrauchsmengen, damit eine ausreichende Dimensionierung der zugehörigen Versorgungspumpen durchgeführt werden kann.
Außerdem soll damit sichergestellt werden, daß die erforderlichen Betriebsmengen des Förder- und Arbeitsmediums auch an ihre zugedachten Stellen gelangen.

Um dies zu erreichen, sind unter anderem auch Untersuchungen über Leckverluste an Steuerschiebern oder funktionell gleichbedeutenden Bauelementen notwendig. Diese Leckverluste entstehen durch den Ringspalt zwischen Schieber und Buchse. Sie sind bedingt durch die Größe des Pass-Spieles, der Lage der beiden Achsen von Schieber und Buchse zueinander, der Länge des Ringspaltes, dem Druckgefälle und der Zähigkeit des Mediums.

Derartige Betrachtungen sind oft auch bei ringfreien Kolben, Ventilführungen, Buchsen mit Stößel sowie Gleitlagerungen für Hub und Drehbewegung angebracht.

2 LÖSUNGSWEG

2.1 Theoretische Grundlagen

Wegen der Geometrie des durchströmten Querschnitts und der damit erzeugbaren Drosselwirkung kann das hier behandelte hydraulische Funktionselement auch als R i n g s p a l t d r o s s e l bezeichnet werden.

Da im normalen Anwendungsfall kleine Reynoldzahlen auftreten, kann dieses Element als Laminardrossel betrachtet werden. Diese ist den Gesetzen der laminaren Strömung unterworfen und hat im Gegensatz zu den sonst üblichen runden Durchflußquerschnitten einen ringförmigen oder auch sichelförmigen Spalt als Durchflußquerschnitt. (Siehe Bild 1 und 2)

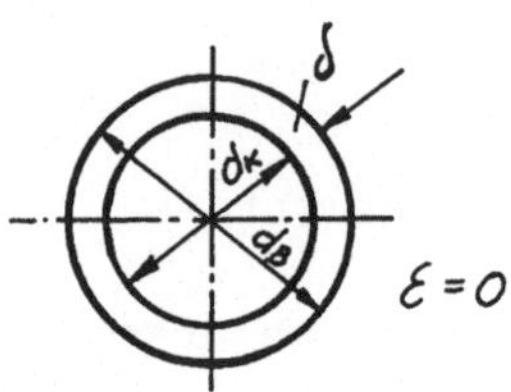

Bild 1
Zentrische Lage des vollen Kernes in Bohrung ergibt ringförmigen Querschnitt. (Index: Z)

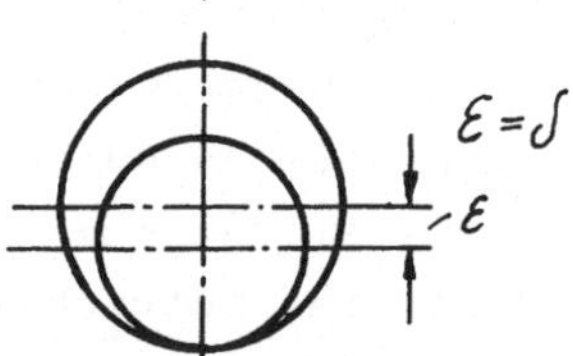

Bild 2
Exzentrische Lage des vollen Kernes in Bohrung ergibt sichelförmigen Querschnitt. (Index: E)

Die Durchflußgleichung für Ringspaltdrosseln lautet:

$$\dot{V} = \frac{\pi \cdot d_B \cdot \Delta p \cdot \delta^3}{12 \cdot L \cdot \eta} \left[1 + 1{,}5 \left(\frac{\varepsilon}{\delta} \right)^2 \right] \qquad (1)$$

Hierin ist:
- d_B = Bohrungsdurchmesser
- L = Länge des Ringspaltes
- δ = Ringspaltbreite bei zentrischer Lage
- ε = Exzentrizität des Kernes gegenüber der Bohrung
- η = dynamische Zähigkeit des Mediums
- Δp = Druckdifferenz vor und hinter Spalt.

Da bei Lagern und Steuerschiebern allgemein das Pass-Spiel - also die Differenz der beiden Durchmesser - angesprochen wird, ist es zweckmäßig mit dem Spiel s zu rechnen und die Spaltbreite δ in s umzustellen.

$$\delta = \frac{s}{2} = \frac{d_B - d_K}{2} \qquad (2)$$

Aus praktischen Erfordernissen ist es ausreichend, lediglich die Grenzlagen $\varepsilon = 0$ und $\varepsilon = \delta$ zu betrachten. Dabei reicht in den meisten Fällen die Untersuchung des

Zustandes $\varepsilon = \delta$ aus, weil bei der größten Exzentrizität auch der größte Durchsatz (Spaltverlust) auftritt.

Unter Einbeziehung der im Maschinenbau üblichen Dimensionen ergeben sich für die Grenzlagen folgende Gleichungen:

$$\dot{V}_z = \frac{60 \cdot \pi}{12 \cdot 8} \; \frac{d_B \cdot s^3 \cdot \Delta p}{L \cdot \eta} \quad \frac{L}{min} \quad \text{wenn } \varepsilon = 0 \qquad (3)$$

$$\dot{V}_\varepsilon = 2{,}5 \cdot \dot{V}_z \quad \frac{L}{min} \quad \text{wenn } \varepsilon = \delta \qquad (4)$$

Hierin sind d_B und L in mm, η in g/s.cm und Δp in bar einzusetzen.

Zur Feststellung, ob die Strömungsverhältnisse im laminaren Bereich liegen, kann die Reynoldzahl nach folgender Gleichung bestimmt werden:

$$Re = \frac{4000 \cdot \dot{V}}{6 \cdot d_B \cdot \pi \cdot \nu} \qquad (5)$$

wobei $\dot{V}$ in L/min, d_B in mm und ν in cm^2/s einzusetzen sind.

2.2 Programmgestaltung

Unter Einbeziehung der Gleichungen (3) , (4) und (5) wurde das Rechenprogramm so gestaltet, daß wahlweise folgende Größen bestimmt werden können:

- der Durchsatz oder Volumenstrom in L/min - Taste A
- die erforderliche Druckdifferenz Δp in bar - Taste B
- das erforderliche Pass-Spiel s in mm - Taste C
- die Reynoldzahl - wahlweise Taste A B C + R/S + R/S oder GTO X R/S

Damit wird es möglich
- für Kontrollrechnungen eine Durchsatzbestimmung durchzuführen,
- bei vorgegebenem Volumenstrom die Größe der Druckdifferenz (Druckverlust) zu bestimmen,
- für Auslegungsberechnungen das erforderliche Pass-Spiel zu ermitteln,
- zur Kontrolle der Anwendbarkeit die Reynoldzahl festzustellen.

A' $\dot{V}$	B' Δp	C' s	D' ν / η	E' ϱ / 1 nicht für Re
A $\dot{V}_{min}$ $\dot{V}_{max}$ Re	B Δp_{max} Δp_{min} Re	C s_z s_E Re	D d	E L

Bild 3 Tastaturschema
Eingabeadressen: D, E und A'bis E'
Abrufadressen: A bis C

Die Eingabe erfolgt ausschließlich über die im Tastaturschema (Bild 3) angegebenen Programmadressen.

Wird Programm A gerechnet, dann entfällt Eingabe über A'
Wird Programm B gerechnet, dann entfällt Eingabe über B'
Wird Programm C gerechnet, dann entfällt Eingabe über C'

Über Taste D'kann wahlweise ν oder η eingegeben werden. Da die Dichte ϱ in η enthalten ist, muß bei Eingabe von η Taste E' mit 1 belegt werden. In diesem Fall dürfen keine Reynoldszahlen gerechnet werden, weil hierfür die Eingabe von ν erforderlich wäre.

Speicherplan

Speicher	Wert	Dimension	Eingabetaste	
14	d	mm	D	
15	L	mm	E	
16	$\dot{V}$	L/min	A'	
17	Δp	bar	B'	
18	s	mm	C'	
19	ν	cm^2/s	D'	oder
	η	g/s.cm	D'	
20	ϱ	g/cm^3	E'	oder
	1		E'	

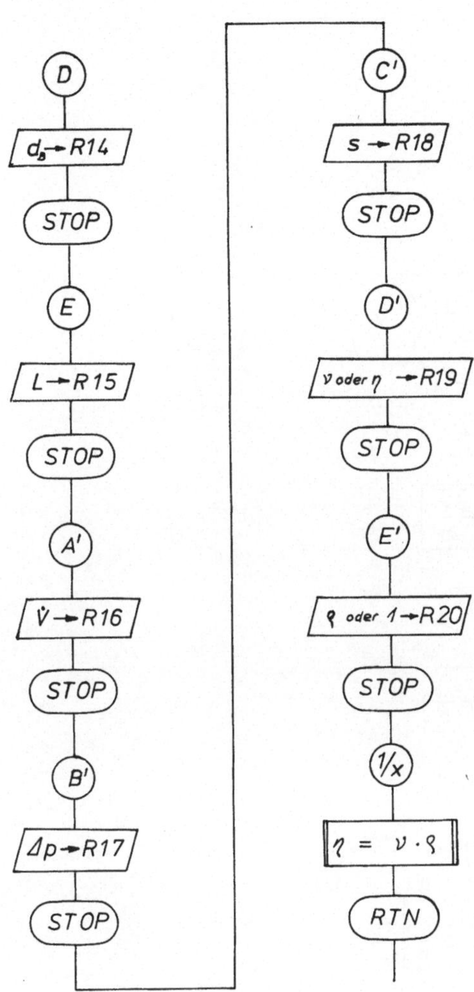

Programmabruf

Taste	Wert	Dimension	Bemerkung
A	$\dot{V}_{min}$	L/min	zentrische Lage
R/S	$\dot{V}_{max}$	L/min	exzentrische Lage
R/S	Re		
B	Δp_{max}	bar	zentrische Lage
R/S	Δp_{min}	bar	exzentrische Lage
R/S	Re		

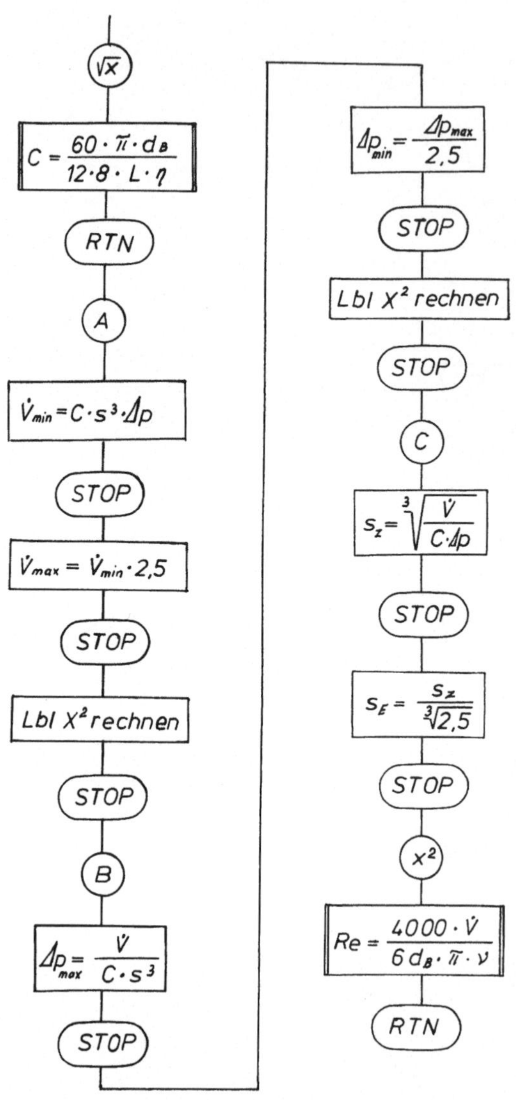

C	s	mm	zentrische Lage
R/S	s	mm	exzentrische Lage
R/S	Re		
$\sqrt{x}$	C		Rechenkonstante
1/x		g/s.cm	dyn. Zähigkeit
x^2	Re		Reynoldzahl

```
000  76 LBL
001  14  D
002  42 STD
003  14  14
004  91 R/S
005  76 LBL
006  15  E
007  42 STD
008  15  15
009  91 R/S
010  76 LBL
011  16 A'
012  42 STD
013  16  16
014  91 R/S
015  76 LBL
016  17 B'
017  42 STD
018  17  17
019  91 R/S
020  76 LBL
021  18 C'
022  42 STD
023  18  18
024  91 R/S
025  76 LBL
026  19 D'
027  42 STD
028  19  19
029  91 R/S
030  76 LBL
031  10 E'
032  42 STD
033  20  20
034  91 R/S
035  76 LBL
036  35 1/X
037  53  (
038  43 RCL
039  19  19
040  65  ×
041  43 RCL
042  20  20
043  54  )
044  92 RTN
045  76 LBL
046  34 ΓX
047  53  (
048  89  π
049  55  ÷
050  01  1
051  02  2
052  65  ×
053  06  6
054  00  0
055  55  ÷
056  08  8
057  65  ×
058  43 RCL
059  14  14
060  55  ÷
061  43 RCL
062  15  15
063  55  ÷
064  71 SBR
065  35 1/X
066  54  )
067  92 RTN
068  76 LBL
069  11  A
070  71 SBR
071  34 ΓX
072  65  ×
073  43 RCL
074  18  18
075  45 YX
076  03  3
077  65  ×
078  43 RCL
079  17  17
080  95  =
081  42 STD
082  16  16
083  91 R/S
084  65  ×
085  02  2
086  93  .
087  05  5
088  95  =
089  42 STD
090  16  16
091  91 R/S
092  71 SBR
093  33 X²
094  91 R/S
095  76 LBL
096  12  B
097  43 RCL
098  16  16
099  55  ÷
100  71 SBR
101  34 ΓX
102  55  ÷
103  43 RCL
104  18  18
105  45 YX
106  03  3
107  95  =
108  91 R/S
109  55  ÷
110  02  2
111  93  .
112  05  5
113  95  =
114  91 R/S
115  71 SBR
116  33 X²
117  91 R/S
118  76 LBL
119  13  C
120  43 RCL
121  16  16
122  55  ÷
123  71 SBR
124  34 ΓX
125  55  ÷
126  43 RCL
127  17  17
128  95  =
129  45 YX
130  03  3
131  35 1/X
132  95  =
133  91 R/S
134  55  ÷
135  02  2
136  93  .
137  05  5
138  45 YX
139  03  3
140  35 1/X
141  95  =
142  91 R/S
143  76 LBL
144  33 X²
145  53  (
146  43 RCL
147  16  16
148  55  ÷
149  43 RCL
150  14  14
151  55  ÷
152  43 RCL
153  19  19
154  65  ×
155  04  4
156  00  0
157  00  0
158  00  0
159  55  ÷
160  06  6
161  55  ÷
162  89  π
163  54  )
164  92 RTN
165  91 R/S
166  81 RST
```

3 BEISPIEL

Ein Verstellkolben für die Einstellung der Drehzahl-Federkraft in einem Gasturbinenregler soll über ein Zweiblenden-Steuersystem betätigt werden. (Bild 4)

Da wegen der Blendenauslegung eines solchen Steuersystems nur ein begrenzter Volumenstrom des Steuermediums zur

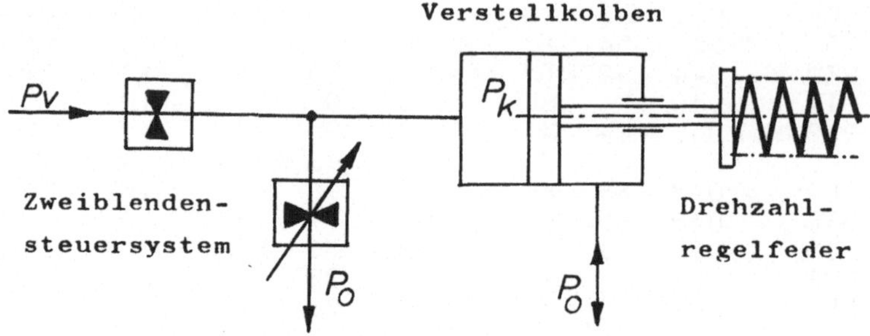

Bild 4 Hydraulisch gesteuerte Drehzahlverstellung an einem Gasturbinenregler.

Verfügung steht, muß eine Untersuchung der Leckmengen im Ringspalt zwischen Kolben und Bohrung durchgeführt werden.

Der Kolben hat folgende Abmessungen:

- Nenndurchmesser 12 mm
- Länge 15,5 mm
- Paßspiel 0,008 mm

Das Steuermedium ist Flugkraftstoff mit folgenden Daten:

- kinematische Zähigkeit ν = 0,007 cm^2/s
- Dichte ρ = 0,726 g/cm^3

Zu untersuchen ist der Leckverlust im Spalt bei einer

- Druckdifferenz $\Delta p = p_K - p_o$ = 10 bar

Eingabe:	Δp =	10	bar	Taste B'
	s =	0,008	mm	Taste C'
	ν =	0,007	cm^2/s	Taste D'
	ρ =	0,726	g/cm^3	Taste E'
	d =	12	mm	Taste D
	L =	15,5	mm	Taste E

Abruf:	Taste A	$\dot{V}_{min}$ =	0,001531492	L/min	(Z)
	R/S	$\dot{V}_{max}$ =	0,00382873	L/min	(E)
	R/S	Re =	9,672401796		(E)
		Re	2320 laminare Strömung		

Wie groß könnte das Paßspiel ausgeführt werden, wenn bei einer Druckdifferenz von 10 bar ein Volumenstrom von 0,01 L/min zugelassen werden kann?

Eingabe:	$\dot{V}$ = 0,01	L/min	Taste A'	
Abruf:	Taste C	s = 0,0149526583 mm		(Z)
	R/S	s = 0,0110172128 mm		(E)
	R/S	Re = 25,26268938		

In diesem Fall wäre s = 0,011 mm vorzusehen, weil die Lage des Kolbens nicht beeinflusst werden kann.

Wie groß müßte die Druckdifferenz sein, wenn bei einem Paßspiel von 0,01 mm der Volumenstrom 0,004 L/min beträgt?

Eingabe:	s = 0,01	mm	Taste C'	
	$\dot{V}$ = 0,004	L/min	Taste A'	
Abruf:	Taste B	p = 13,37258029 bar		(Z)
	R/S	p = 5,349032116 bar		(E)
	R/S	Re = 10,10507575		

Wie groß ist die dynamische Zähigkeit des Mediums:

Taste GTO 1/x R/S = 0,005082 g/s.cm

Breitungsgleichung nach Ekelund, TI–58/59

von Jürgen Ritzenhoff

1. Programmbeschreibung

Das vorliegende Programm für den programmierbaren Taschenrechner TI 58/59 mit und ohne alphanumerischen Drucker PC 100 berechnet die Breitenzunahme nach einem Walzvorgang. In der unten angegebenen Gleichung (1) fehlt der Einfluß der Walzgeschwindigkeit und der Stahlzusammensetzung. Sie gilt damit nur für Walzgeschwindigkeiten bis etwa 7 m/s und für Massenstahl.

2. Berechnungsgrundlagen

Die Breitungsgleichung nach Ekelund (1) ist eine der genauesten bisher bekannten Breitungsgleichungen, die aber als transzendente Gleichung nicht ohne weiteres lösbar ist.

$$\frac{1}{2}(b_1^2 - b_0^2) = 4m\sqrt{R\Delta h}\,\Delta h - 2m(h_0+h_1)\sqrt{R\Delta h}\,\ln b_1/b_0 \qquad (1)$$

mit $$m = \frac{1.6\mu\sqrt{R\Delta h} - 1.2\,\Delta h}{h_0+h_1} \qquad (2)$$

und $$\mu = K(1.05 - 0.0005\,T) \qquad (3)$$

k = 1 für Stahlwalzen

k = 0.8 für Gußwalzen

Zur Lösung der Gleichung (1) wird das Newtonsche Näherungsverfahren benutzt. Nach Umformung ergibt sich für $f(b_1)$ die Gleichung (4):

$$f(b_1) = b_1^2 - b_0^2 - 8m\sqrt{R\Delta h}\cdot\Delta h + 4m(h_0+h_1)\sqrt{R\Delta h}\,\ln b_1/b_0 \qquad (4)$$

Wird nun $f(b_1)$ nach b_1 differenziert, so erhält man

$$f'(b_1) = 2b_1 + 4m\,(h_0+h_1)\sqrt{R\Delta h}\;1/b_1 \tag{5}$$

b_1 berechnet sich nun iterativ mit Hilfe der Beziehung

$$b_1 = b_1 - \frac{f(b_1)}{f'(b_1)}$$

$$= b_1 - \frac{b_1^2 - b_0^2 - 8m\sqrt{R\Delta h}\,\Delta h + 4m\,(h_0+h_1)\sqrt{R\Delta h}\,\ln b_1/b_0}{2b_1 + 4m\,(h_0+h_1)\sqrt{R\Delta h}\;1/b_1} \tag{6}$$

Der Wert für b_1 ist berechnet, wenn der Betrag der Differenz $|b_{i+1} - b_i|$ kleiner einer bestimmten Fehlergröße ist. In diesem Programm wurde als Fehlergröße 10^{-6} gewählt.

3. Programmablauf

Das Programm ist flexibel angelegt, d.h. im Programm wird eine Abfrage eingeschoben, die feststellt, ob ein Drucker (PC 100) angeschlossen ist. Ist ein Drucker angeschlossen, werden alle Eingaben mit Kennung ausgedruckt. Die Ergebnisse b_1 und Δb (die Breitenzunahme) werden seriell mit Kennung ausgedruckt. Wird der Rechner ohne Drucker benutzt, stopt der Rechner nach Berechnung des Wertes für b_1 und zeigt ihn an. Der Wert für Δb kann anschließend mit R/S abgerufen werden. Bei der Berechnung von b_1 und Δb muß wie folgt verfahren werden. Zur Programmvorbereitung wird A gedrückt. Es folgt eine Untersuchung, ob der Drucker angeschlossen ist und bei angeschlossenem Drucker wird eine Programmüberschrift ausgedruckt.
Werden beim Walzen Stahlwalzen benutzt, so wird die Temperatur über B eingegeben; bei Gußwalzen wird die Temperatur über C eingegeben. Anschließend werden in folgender Reihenfolge, jeweils mit R/S, die Werte für Walzenradius R (in mm), Höhe nach dem Stich h_1 (in mm), Höhe vor dem Stich h_0 (in mm) und Breite vor dem Stich b_0 (in mm) eingegeben. Es erfolgt dann die Berechnung und der Ausdruck bzw die Anzeige von b_1 und Δb.

4. Programmeingabe

Nach Umschalten in den LRN Status werden die Programmschritte (siehe Programm- Listing) eingegeben. Ist die Programmeingabe erfolgt, kann nach Umschalten in den RUN Status die Aufzeichnung auf Magnetkarte erfolgen. Da das Programm 474 Schritte umfaßt, wird nur eine Magnetkarte benötigt.

5. Programmerläuterung

Zur Erläuterung des Programmes diene als Beispiel der Ausdruck in B i l d 1.

1. Programmvorbereitung mit A
2. Da mit Stahlwalzen gewalzt, Eingabe der Temperatur (in ^{o}C) 1115 B
3. Eingabe des Walzenradius R (mm) 228.5 R/S
4. Eingabe der Höhe nach dem Stich h_1 (mm) 12.75 R/S
5. Eingabe der Höhe vor dem Stich h_o (mm) 19.45 R/S
6. Eingabe der Breite vor dem Stich b_o (mm) 35.56 R/S
7. Anzeige bzw Ausdruck von b_1 und Δb

6. Flußdiagramm

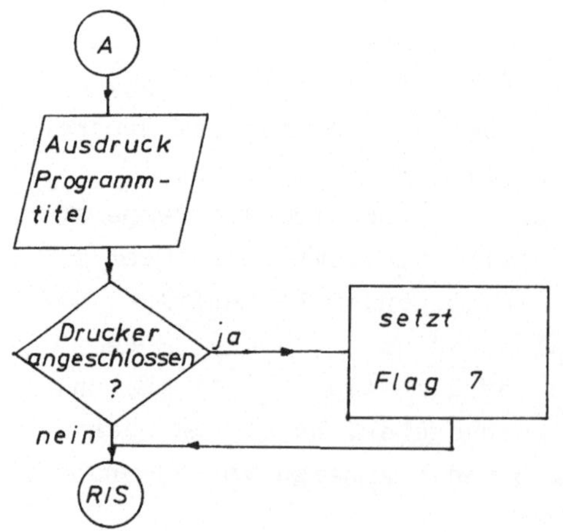


```
    BERECHNUNG DER
       BREITUNG

EINGABEN
         1115.        TS
         228.5         R
         12.75        H1
         19.45        H0
         35.56        B0

ERGEBNISSE
   44.31522355        B1
   8.755223549        ΔB
```

Bild 1: Beispiel

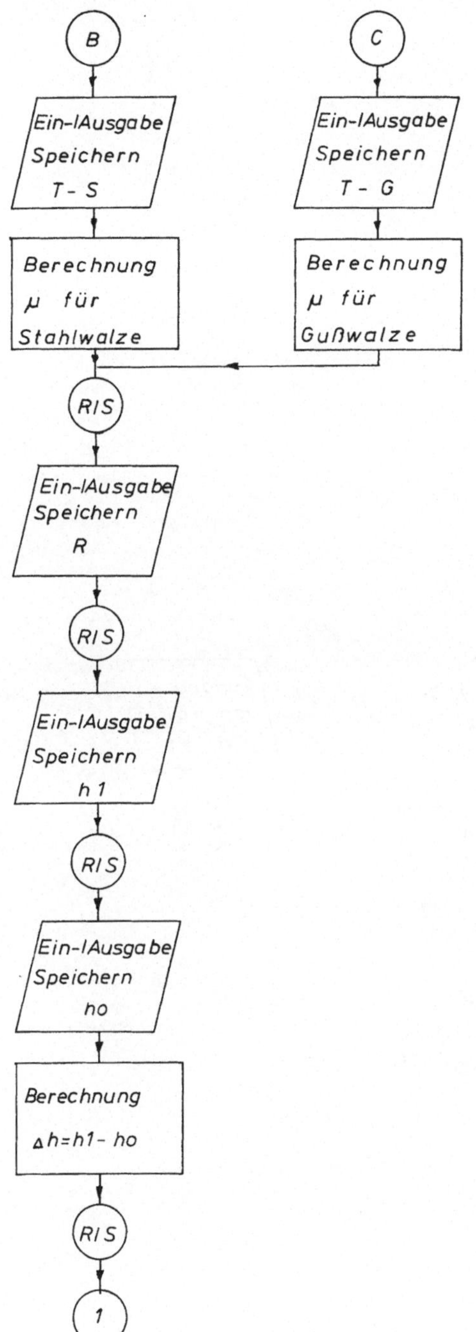
B
C
Ein-/Ausgabe
Speichern
T - S
Ein-/Ausgabe
Speichern
T - G
Berechnung
μ für
Stahlwalze
Berechnung
μ für
Gußwalze
R/S
Ein-/Ausgabe
Speichern
R
R/S
Ein-/Ausgabe
Speichern
h1
R/S
Ein-/Ausgabe
Speichern
ho
Berechnung
Δh=h1- ho
R/S
1

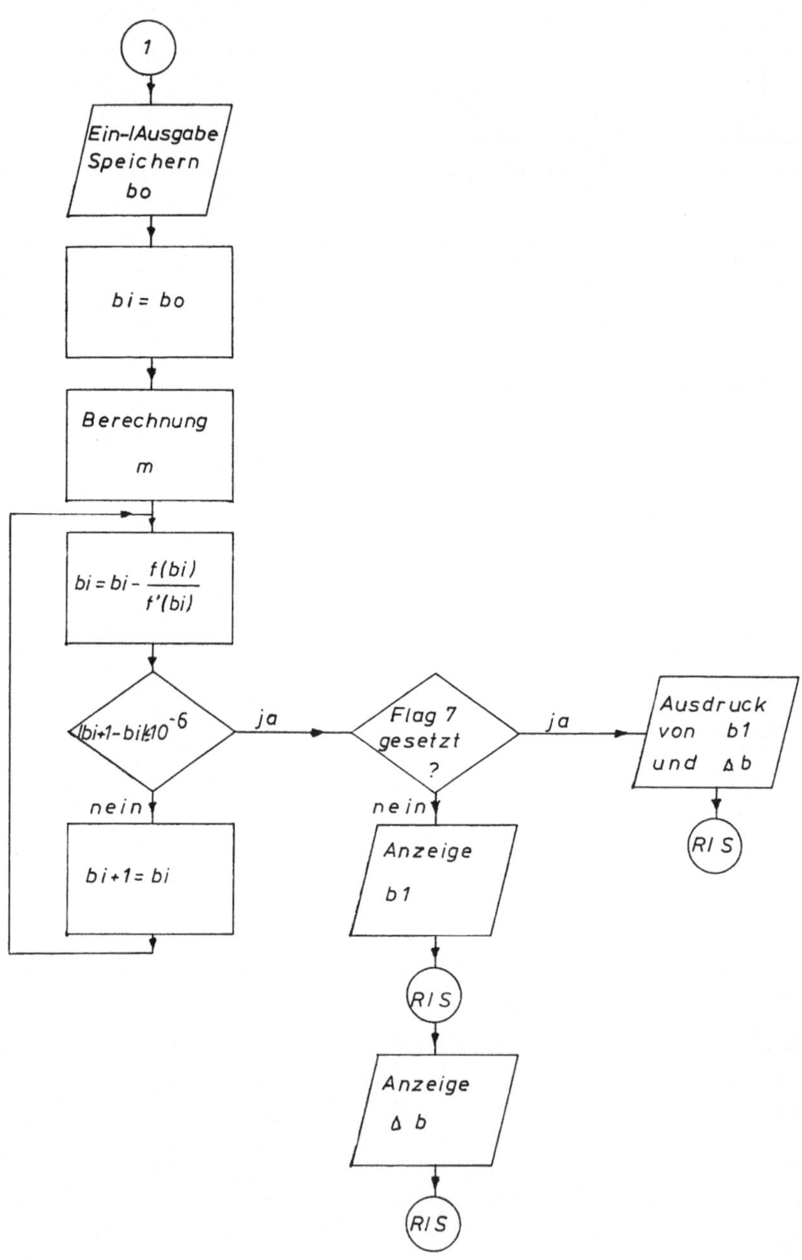
1
Ein-/Ausgabe
Speichern
bo
bi = bo
Berechnung
m
bi = bi - f(bi) / f'(bi)
|bi+1-bi|<10^-6
ja
nein
bi+1 = bi
Flag 7
gesetzt
?
ja
nein
Ausdruck
von b1
und Δb
R/S
Anzeige
b1
R/S
Anzeige
Δ b
R/S

000	76	LBL	056	02	2	112	91	R/S	168	75	-
001	11	A	057	04	4	113	76	LBL	169	93	.
002	69	OP	058	69	OP	114	12	B	170	00	0
003	00	00	059	02	02	115	42	STO	171	00	0
004	01	1	060	03	3	116	00	00	172	00	0
005	04	4	061	07	7	117	03	3	173	05	5
006	01	1	062	04	4	118	07	7	174	65	×
007	07	7	063	01	1	119	03	3	175	43	RCL
008	69	OP	064	03	3	120	06	6	176	00	00
009	01	01	065	01	1	121	69	OP	177	54	)
010	03	3	066	02	2	122	04	04	178	95	=
011	05	5	067	02	2	123	43	RCL	179	42	STO
012	01	1	068	00	0	124	00	00	180	00	00
013	07	7	069	00	0	125	69	OP	181	91	R/S
014	01	1	070	69	OP	126	06	06	182	42	STO
015	05	5	071	03	03	127	01	1	183	01	01
016	02	2	072	69	OP	128	93	.	184	03	3
017	03	3	073	05	05	129	00	0	185	05	5
018	03	3	074	98	ADV	130	05	5	186	69	OP
019	01	1	075	69	OP	131	75	-	187	04	04
020	69	OP	076	00	00	132	93	.	188	43	RCL
021	02	02	077	01	1	133	00	0	189	01	01
022	04	4	078	07	7	134	00	0	190	69	OP
023	01	1	079	02	2	135	00	0	191	06	06
024	03	3	080	04	4	136	05	5	192	91	R/S
025	01	1	081	03	3	137	65	×	193	42	STO
026	02	2	082	01	1	138	43	RCL	194	03	03
027	02	2	083	02	2	139	00	00	195	02	2
028	00	0	084	02	2	140	95	=	196	03	3
029	00	0	085	01	1	141	42	STO	197	00	0
030	01	1	086	03	3	142	00	00	198	02	2
031	06	6	087	69	OP	143	61	GTO	199	69	OP
032	69	OP	088	01	01	144	01	01	200	04	04
033	03	03	089	01	1	145	81	81	201	43	RCL
034	01	1	090	04	4	146	76	LBL	202	03	03
035	07	7	091	01	1	147	13	C	203	69	OP
036	03	3	092	07	7	148	42	STO	204	06	06
037	05	5	093	03	3	149	00	00	205	91	R/S
038	00	0	094	01	1	150	03	3	206	42	STO
039	00	0	095	00	0	151	01	1	207	04	04
040	00	0	096	00	0	152	02	2	208	02	2
041	00	0	097	00	0	153	02	2	209	03	3
042	00	0	098	00	0	154	69	OP	210	00	0
043	00	0	099	69	OP	155	04	04	211	01	1
044	69	OP	100	02	02	156	43	RCL	212	69	OP
045	04	04	101	69	OP	157	00	00	213	04	04
046	69	OP	102	05	05	158	69	OP	214	43	RCL
047	05	05	103	69	OP	159	06	06	215	04	04
048	69	OP	104	00	00	160	93	.	216	69	OP
049	00	00	105	02	2	161	08	8	217	06	06
050	01	1	106	00	0	162	65	×	218	43	RCL
051	04	4	107	69	OP	163	53	(	219	04	04
052	03	3	108	07	07	164	01	1	220	75	-
053	05	5	109	69	OP	165	93	.	221	43	RCL
054	01	1	110	19	19	166	00	0	222	03	03
055	07	7	111	25	CLR	167	05	5	223	95	=

Fortsetzung

224	42	STO
225	02	02
226	91	R/S
227	42	STO
228	05	05
229	42	STO
230	06	06
231	01	1
232	04	4
233	00	0
234	01	1
235	69	OP
236	04	04
237	43	RCL
238	05	05
239	69	OP
240	06	06
241	53	(
242	53	(
243	01	1
244	93	.
245	06	6
246	65	×
247	43	RCL
248	00	00
249	65	×
250	53	(
251	43	RCL
252	01	01
253	65	×
254	43	RCL
255	02	02
256	54	)
257	34	√X
258	75	-
259	01	1
260	93	.
261	02	2
262	65	×
263	43	RCL
264	02	02
265	54	)
266	55	÷
267	53	(
268	43	RCL
269	03	03
270	85	+
271	43	RCL
272	04	04
273	54	)
274	54	)
275	95	=
276	42	STO
277	07	07
278	43	RCL
279	06	06
280	75	-
281	53	(
282	53	(
283	43	RCL
284	06	06
285	33	X²
286	75	-
287	43	RCL
288	05	05
289	33	X²
290	75	-
291	08	8
292	65	×
293	43	RCL
294	07	07
295	65	×
296	53	(
297	43	RCL
298	01	01
299	65	×
300	43	RCL
301	02	02
302	54	)
303	34	√X
304	65	×
305	43	RCL
306	02	02
307	85	+
308	04	4
309	65	×
310	43	RCL
311	07	07
312	65	×
313	53	(
314	43	RCL
315	04	04
316	85	+
317	43	RCL
318	03	03
319	54	)
320	65	×
321	53	(
322	43	RCL
323	01	01
324	65	×
325	43	RCL
326	02	02
327	54	)
328	34	√X
329	65	×
330	53	(
331	43	RCL
332	06	06
333	55	÷
334	43	RCL
335	05	05
336	54	)
337	23	LNX
338	54	)
339	55	÷
340	53	(
341	02	2
342	65	×
343	43	RCL
344	06	06
345	85	+
346	04	4
347	65	×
348	43	RCL
349	07	07
350	65	×
351	53	(
352	43	RCL
353	03	03
354	85	+
355	43	RCL
356	04	04
357	54	)
358	65	×
359	53	(
360	43	RCL
361	01	01
362	65	×
363	43	RCL
364	02	02
365	54	)
366	34	√X
367	55	÷
368	43	RCL
369	06	06
370	54	)
371	54	)
372	95	=
373	42	STO
374	08	08
375	75	-
376	43	RCL
377	06	06
378	95	=
379	50	I×I
380	42	STO
381	09	09
382	01	1
383	52	EE
384	06	6
385	94	+/-
386	32	X⇄T
387	43	RCL
388	09	09
389	22	INV
390	77	GE
391	04	04
392	00	00
393	43	RCL
394	08	08
395	42	STO
396	06	06
397	61	GTO
398	02	02
399	78	78
400	22	INV
401	52	EE
402	43	RCL
403	08	08
404	75	-
405	43	RCL
406	05	05
407	95	=
408	42	STO
409	10	10
410	87	IFF
411	07	07
412	04	04
413	20	20
414	43	RCL
415	08	08
416	91	R/S
417	43	RCL
418	10	10
419	91	R/S
420	98	ADV
421	69	OP
422	00	00
423	01	1
424	07	7
425	03	3
426	05	5
427	02	2
428	02	2
429	01	1
430	07	7
431	01	1
432	04	4
433	69	OP
434	01	01
435	03	3
436	01	1
437	02	2
438	04	4
439	03	3

Fortsetzung

```
440  06   6
441  03   3
442  06   6
443  01   1
444  07   7
445  69  OP
446  02   02
447  69  OP
448  05   05
449  69  OP
450  00   00
451  01   1
452  04   4
453  00   0
454  02   2
455  69  OP
456  04   04
457  43  RCL
458  08   08
459  69  OP
460  06   06
461  07   7
462  05   5
463  01   1
464  04   4
465  69  OP
466  04   04
467  43  RCL
468  10   10
469  69  OP
470  06   06
471  98  ADV
472  98  ADV
473  98  ADV
474  91  R/S
```

Zahnradberechnung, HP–41 C

von Hans Krissler

1. ALLGEMEINES

Bei der Auslegung von Stirnradgetrieben treten Probleme bzw. Rechenaufgaben auf, für die sich der wirtschaftliche Einsatz eines programmierbaren Taschenrechners anbietet, da eine konventionelle Berechnung trotz Hilfsmittel wie Tabellen und Diagramme recht langwierig ist.

2. HARDWARE

HP 41 CV bzw. HP 41 C und QRAM, Thermodrucker, (Kartenleser oder Kassettenlaufwerk)

3. SOFTWARE

Programm	Definition
ZAGEO	Bestimmungsgrößen für Stirnräder mit Evolventenverzahnung nach DIN 3960
ZAHERTZ	Ermittlung der Nennflankenpressung nach Entwurf DIN 3990 Teil 2
ZAFUSS	Ermittlung der örtlichen Zahnfußspannung aus Biegenennspannung und Spannungskorrekturfaktor für Kraftangriff im äußeren Einzeleingriffspunkt nach Entwurf DIN 3990 Teil 3 Methode B
ZAMESS	Meßgrößen nach DIN 3960, DIN 3967, DIN 3970, DIN 3977
ZWIRAD	Ermittlung der Koordinaten für ein Zwischenrad (Anwendung speziell bei der Bohrkopfauslegung)
ZAEZA 1	Zähnezahlen für die Auslegung eines fest vorgegebenen Übersetzungsverhältnis, einstufig [1] [2]
ZAEZA 2	Zähnezahlen für die Auslegung eines fest vorgegebenen Übersetzungsverhältnis, mehrstufig [1] [2]

4. ERLÄUTERUNG

Die ersten vier Programme erbringen aus den Nennmaßen einige Bestimmungsgrößen einer Zahnradpaarung.
Registereinteilung SIZE 027
Reihenfolge bei Programmlauf ZAGEO ZAHERTZ ZAFUSS ZAMESS
(Speicher werden mehrfach überschrieben)
Wird ein Programmlauf unterbrochen, und soll neu gestartet werden, so sind die Flags 00 bis 13 auf ihren Ausgangszustand zu bringen.

4.1 ZAGEO

Speicherbelegung

Bezeichnung	Register	Beispiel	Dim.
Normalmodul	00	2	mm
Zähnezahl Rad 1	01	33	
Zähnezahl Rad 2	02	34	
Achsabstand	03	74	mm
Schrägungswinkel	04	24	o
Radbreite 1	05	17,5	mm
Radbreite 2	06	16,5	mm
Werkzeugkopfrundungsfaktor	07	0,25	
Werkzeugkopfhöhenfaktor	08	1,25	

Aufteilung des Profilverschiebungsfaktors

Flag	Programmatik
00	für vergütete und ungehärtete Räder [3] wenn i größer 2 Aufteilungskriterium etwa gleiche Wälzpressung für Ritzel und Rad wenn i kleiner 2 Aufteilungskriterium etwa gleiche max. Gleitgeschwindigkeit an den Zahnköpfen von Ritzel und Rad
01	für gehärtete Räder [3] Aufteilungskriterium etwa gleiche Zahnfußspannung
02	man. Eingabe Zustand 00 bzw. 01
--	man. Eingabe

ZAGEO – Ausdruck für Beispiel

```
PRGM ZAGEO

BEZ RAD 1        RAD 2

     WZKOPFHOEHENFAKT.
ha0*     1.2500
     WZKOPFRUNDFAKT.
ϱa0*     0.2500
     NORMALMODUL        MM
mn       2.0000
     ZAEHNEZAHL
z    33             34
     ZAEHNEZAHLVERHAELTN.
u        1.0303
     ACHSABSTAND        MM
a        74.0000
     SCHRAEGUNGSW.     GRD
β        24.0000
                    G.MMSS
         24.0000
     GRUNDSCHRGW.      GRD
βb       22.4705
                    G.MMSS
         22.2814

     SUMME PROVERSCHBFKT.
Σx       0.3388     x1 ?
     PROFILVERSCHIEBFAKT.
x    0.1642         0.1746
     PROFILVERSCHIEBG. MM
xmn  0.3284         0.3492
```

```
     RADBREITE          MM
b    17.5000      16.5000
     TEILKREISDURCHM.   MM
d    72.2460      74.4353
     GRUNDKREISDURCHM.  MM
db   67.1153      69.1491
     WAELZKREISDURCHM.  MM
dw   72.8955      75.1945
     KOPFKREISDURCHM.   MM
da   76.8663      79.0972
     FUSSKREISDURCHM.   MM
df   67.9028      70.1337

     NORMALTEILUNG      MM
pn       6.2832
     NORMALEINGRIFFST.  MM
pen      5.9043
     STIRNTEILUNG       MM
pt       6.8778
     STIRNEINGRIFFST.   MM
pet      6.3894
     AXIALTEILUNG       MM
px       15.4478

     KOPFEINGRIFFSSTR.  MM
ga   4.5108       4.5463
     EINGRIFFSSTRECKE   MM
ga       9.0571
     PROFILUEBERDECKUNG
εα       1.4175
     SPRUNGUEBERDECKUNG
εβ       1.0681
     GESAMTUEBERDECKUNG
εγ       2.4856
```

```
     STIRNMODUL         MM
mt       2.1893
     STIRNEINGRIWI     GRD
αt       21.7231
                    G.MMSS
         21.4323
     BETEINGWINKEL     GRD
αwt      22.9705
                    G.MMSS
         22.5814

     ZAHNHOEHE          MM
h        4.4818
     KOPFSPIEL          MM
c        0.4818
     KOPFHOEHENAEND.    MM
kmn      -0.0182

     GLEITFAKTOR
Kg   0.2439       0.2458
     SPEZIFISCHES GLEITEN
ζa   0.4745       0.4807
ζf   -0.9257      -0.9028
```

ZAGEO – Programmliste

```
 01♦LBL "ZAGEO"
SF 12  "PRGM ZAGEO"
AVIEW  CF 12  ADV  "   "
ASTO 13  "⊢ "  ASTO 14
"⊢  "  ASTO 16
"BEZ RAD 1"  ARCL 13
ARCL 14  "⊢RAD 2"  PRA
CLA  ADV  ARCL 14
"⊢WZKOPFHOE"
"⊢HENFAKT."  PRA  SF 13
"HA0*"  RCL 08  XEQ B
"⊢WZKOPFRUND"  "⊢FAKT."
PRA  SF 13  0  ACCOL  62
ACCOL  81  ACCOL  ACCOL
ACCOL  78  ACCOL  0
ACCOL  SF 09  "A0*"
RCL 07  XEQ B
"⊢NORMALMODUL"  ARCL 16
```

```
XEQ G  "MN  "  RCL 00
XEQ B  FIX 0  CF 29
"⊢ZAEHNEZAHL"  PRA
SF 13  "Z"  ARCL 13
ARCL 01  RCL 02  XEQ A
FIX 4  SF 29
"⊢ZAEHNEZAHLVE"
"⊢RHAELTN."  PRA  SF 13
"U"  ARCL 13  RCL 01  /
STO 15  XEQ B
"⊢ACHSABSTAND"  ARCL 16
XEQ G  "a"  ARCL 13
RCL 03  XEQ B
"⊢SCHRAEGUNGSW."  SF 09
XEQ H  5  ACCHR  ARCL 13
RCL 04  X=0?  SF 25
XEQ B  HMS  XEQ I
ARCL 14  XEQ B
```

```
"⊢GRUNDSCHRGW. "  SF 09
XEQ H  5  ACCHR  98
ACCHR  2  SKPCHR  RCL 04
SIN  20  COS  *  ASIN
STO 17  XEQ B  XEQ I
HMS  ARCL 14  XEQ B  ADV
"⊢SUMME PRO"
"⊢VERSCHBFKT."  PRA  20
TAN  RCL 04  COS  /
ENTER↑  ATAN  STO 18
D-R  -  CHS  RCL 18  COS
RCL 00  *  RCL 04  COS
/  2  /  RCL 03  /
RCL 01  RCL 02  +  *
ACOS  STO 19  TAN
STO 20  STO 21  LASTX
D-R  -  +  RCL 01
RCL 02  +  *  2  /  20
```

Fortsetzung

```
TAN / RND STO 12
SF 13 "ΣX" ARCL 16
ARCL X FC? 00 FS?C 01
GTO 10

175♦LBL 15
ARCL 13 "⊢X1 ?" PRA
PROMPT GTO 00

181♦LBL 10
PRA RCL 15 1 + /
FC?C 00 GTO 12 RCL 15
2 X<=Y? GTO 13 RDN
ENTER↑ ENTER↑ 1 ST- Z
ST+ Y RDN RCL 02
STO L RDN .4 ST* L
X<> L + / + GTO 00

210♦LBL 13
RDN RDN RCL 01 12 +
RCL 01 2 + / * 8
ENTER↑ RCL 01 2 + /
GTO 00

228♦LBL 12
RCL 15 ENTER↑ ENTER↑
1 ST- Z ST+ Y RDN /
.5 * +

240♦LBL 00
RND STO 11 ST- 12
RCL 12 + CHS RCL 01
RCL 02 + 2 / RCL 04
COS / - RCL 00 *
RCL 03 + STO 10
ARCL 14 CF 13
"⊢PROFILVE"
"⊢RSCHIEBFAKT." PRA
SF 13 "X" ARCL 13
ARCL 11 RCL 12 XEQ A
FC?C 02 GTO 02 RCL 11
ST+ 12 SF 13 GTO 15

270♦LBL 02
"⊢PROFILVE"
"⊢RSCHIEBG." XEQ G
"XMN " RCL 11 RCL 00
* ARCL X RCL 12
RCL 00 * XEQ A ADV
"⊢RADBREITE" ARCL 14
ARCL 14 XEQ G "b"
ARCL 13 ARCL 05 RCL 06
XEQ A "⊢TEIL" XEQ F
"⊢ " XEQ G SF 01 1
XEQ D "d" ARCL 13
ARCL X 2 XEQ D XEQ A
CF 01 SF 02 "⊢GRUND"
XEQ F XEQ G 1 XEQ D
ST* 20 X↑2 STO 22
LASTX "db " ARCL X 2
XEQ D ST* 21 X↑2
STO 23 LASTX XEQ A -1
ST* 22 ST* 23 "⊢WAELZ"
XEQ F XEQ G CF 02
SF 03 1 XEQ D "dW "
ARCL X 2 XEQ D XEQ A
"⊢KOPF" XEQ F "⊢ "
XEQ G CF 03 SF 04 11
ENTER↑ 1 XEQ D X↑2
ST+ 22 LASTX STO 15
"da " ARCL X 12
ENTER↑ 2 XEQ D X↑2
ST+ 23 LASTX STO 16
XEQ A "⊢FUSS" XEQ F
"⊢ " XEQ G CF 04
SF 05 11 ENTER↑ 1
XEQ D "dF " ARCL X
12 ENTER↑ 2 XEQ D
XEQ A CF 05 ADV ADV
ADV "⊢NORMALTE"
"⊢ILUNG " ARCL 13
XEQ G SF 01 XEQ C
"PN " XEQ B
"⊢NORMALEI"
"⊢NGRIFFST." XEQ G
SF 02 XEQ C "PEN "
XEQ B "⊢STIRNTEILUNG "
ARCL 14 XEQ G SF 03
XEQ C "PT " XEQ B
"⊢STIRNEIN"
"⊢GRIFFST. " XEQ G
RCL 18 COS * STO 24
"PET " XEQ B
"⊢AXIALTEILUNG "
ARCL 14 XEQ G RCL 00
PI * RCL 04 ABS SIN
/ "PX " XEQ B ADV
"⊢KOPFEING"
"⊢RIFFSSTR." XEQ G
RCL 22 SQRT STO 25
RCL 20 - 2 / STO 20
STO 22 "GA " ARCL X
RCL 23 SQRT STO 26
RCL 02 SIGN * RCL 21
- 2 / STO 23 ST+ 20
XEQ A "⊢EINGRIFFS"
"⊢STRECKE " XEQ G
RCL 20 CLA "GA "
XEQ B "⊢PROFIL" XEQ J
RCL 24 / STO 20
XEQ "K" 4 ACCHR SF 09
2 SKPCHR RCL 20 XEQ B
"⊢SPRUNG" XEQ J RCL 05
RCL 06 X>Y? X<>Y
RCL 04 ABS SIN *
RCL 00 / PI / STO 21
XEQ "K" 5 ACCHR SF 09
2 SKPCHR RCL 21 XEQ B
"⊢GESAMT" XEQ J
XEQ "K" 0 ACCOL 1
ACCOL 57 ACCOL 70
ACCOL 62 ACCOL 1
ACCOL 0 ACCOL SF 09
2 SKPCHR RCL 20
RCL 21 + XEQ B ADV
"⊢STIRNMODUL" ARCL 14
ARCL 13 XEQ G "MT "
RCL 00 RCL 04 COS /
XEQ B "⊢STIRNEINGRIWI"
XEQ H 4 ACCHR 116
ACCHR SF 09 2 SKPCHR
RCL 18 XEQ B XEQ I
HMS ARCL 14 XEQ B
"⊢BETEING" "⊢WINKEL"
XEQ H 4 ACCHR 119
ACCHR 116 ACCHR 1
SKPCHR SF 09 RCL 19
XEQ B XEQ I HMS
ARCL 14 XEQ B ADV
"⊢ZAHNHOEHE" ARCL 14
ARCL 14 XEQ G "H"
ARCL 13 RCL 08 1 +
RCL 00 * RCL 10 +
XEQ B "⊢KOPFSPIEL"
ARCL 14 ARCL 14 XEQ G
RCL 00 2 * - "C"
ARCL 13 XEQ B
"⊢KOPFHOEHEN"
"⊢AEND. " XEQ G
RCL 10 "KMN " XEQ B
ADV "⊢GLEITFAKTOR" PRA
CLA SF 09 75 ACCHR
103 ACCHR 2 SKPCHR
RCL 01 RCL 02 /
ENTER↑ 1/X + 2 +
RCL 03 / ENTER↑
ENTER↑ RCL 22 *
ARCL X RDN RCL 23 *
XEQ A "⊢SPEZIFISCHES"
"⊢ GLEITEN" PRA CLA
XEQ 00 97 ACCHR 2
SKPCHR ST/ 25 RCL 02
SIGN * ST/ 26 RCL 19
SIN RCL 03 * STO 22
SF 01 25 ENTER↑ 22
XEQ E ARCL X SF 09
SF 02 26 ENTER↑ 22
XEQ E XEQ A CLA
```

Fortsetzung

```
XEQ 00  SF 09  102
ACCHR  2  SKPCHR  CF 01
26  ENTER↑  22  XEQ E
ARCL X  CF 02  25
ENTER↑  22  XEQ E  XEQ A
STOP

691♦LBL 00
0  ACCOL  24  ACCOL  37
ACCOL  34  ACCOL  99
ACCOL  ACCOL  0  ACCOL
RTN

706♦LBL B
ARCL 14  GTO 00

709♦LBL A
ARCL 13  ARCL 14  ASTO T
ASHF  ASTO Z  CLA
ARCL T  ARCL Z  FC? 09
ARCL 14

720♦LBL 00
ARCL X  FC?C 09  GTO 01
ACA  PRBUF  GTO 02

727♦LBL 01
PRA

729♦LBL 02
CF 13  CLA  ARCL 14  RTN

734♦LBL D
RCL IND X  RCL 00  *
RCL 04  COS  /  FS? 01
RTN  FS? 04  GTO 04
FS? 05  GTO 05  RCL 18
COS  *  FS? 02  RTN
RCL 19  COS  /  FS? 03
RTN

757♦LBL 04
RCL IND Z  1  +  RCL 00
*  RCL 10  +  2  *  +
RTN

769♦LBL 05
RCL IND Z  RCL 08  -
RCL 00  *  2  *  +  RTN

779♦LBL C
RCL 00  PI  *  FS?C 01
RTN  FS?C 03  GTO 03  20
COS  *  FS?C 02  RTN

792♦LBL 03
RCL 04  COS  /  RTN

797♦LBL E
RCL IND Y  RCL IND Y
RCL IND T  -  /  RCL 02
RCL 01  /  FS? 02  1/X
*  FS? 01  1/X  CHS  1
+  RTN

815♦LBL F
"⊦KREISDURCHM."  RTN

818♦LBL G
"⊦ MM"  PRA  SF 13  RTN

823♦LBL H
ARCL 14  "⊦GRD"  PRA
CLA  RTN

829♦LBL I
CF 13  18  SKPCHR  X<>Y
"G.MMSS"  ACA  PRBUF
CLA  RTN

839♦LBL "K"
0  ACCOL  54  ACCOL  73
ACCOL  ACCOL  65  ACCOL
34  ACCOL  0  ACCOL  RTN

854♦LBL J
"⊦UEBERDECKUNG"  PRA
CLA  .END.
```

4.2 ZAHERTZ

Das Programm wird nach ZAGEO gestartet.
Eingabe vornehmen bei "DREHMOMENT RITZEL NM" und Programmfortsetzung

4.3 ZAFUSS

Das Programm kann nach ZAGEO bzw. ZAHERTZ gestartet werden. Die Berechnung wird ohne Protuberanz ausgeführt. Mit Protuberanz sind die Programmzeilen 23 bis 26 zu löschen und die Protuberanzmaße auf Speicherplätze zu setzen:

Bezeichnung	Register
Knickhöhe am Protuberanzprofil	09
Protuberanzwinkel	10

Eingabe vornehmen bei "DREHMOMENT RITZEL NM" und Programmfortsetzung

4.4 ZAMESS

Speicherbelegung

Bezeichnung	Register	Beispiel	Dim.
Aste1	15	-0,034	mm
Asti1	16	-0,051	mm
Aste2	25	-0,034	mm
Asti2	26	-0,051	mm

Speicherbelegung nach "WAHL DM AUS DIN 3977" treffen und Programmfortsetzung

Bezeichnung	Register	Beispiel	Dim.
DM1	23	3,5	mm
DM2	24	3,5	mm

Speicherbelegung nach "LEHRZAHNRAD DIN 3970" vornehmen und Programmfortsetzung

Bezeichnung	Register	Beispiel	Dim.
zL	23	36	
xL	24	0	

ZAHERTZ - und ZAFUSS - Ausdruck für Beispiel

```
PRGM ZAHERTZ

BEZ RAD 1       RAD 2

    ZONENFAKTOR
ZH      2.2477
    ELASTIZITAETSFAKTOR
ZE      189.8684
    UEBERDECKUNGSFAKTOR
Zε      0.8399
    SCHRAEGENFAKTOR
Zβ      0.9558
    DREHMOMENT RITZEL NM
T   150.0000    145.5882
    UMFANGSKRAFT       N
Ft      4,152.4794
    NENNFLAPRESS N/MM↑2
σH0     897.6391
```

```
PRGM ZAFUSS

ERSATZ-GERADVERZAHNUNG:

BEZ RAD 1       RAD 2

    ZAEHNEZAHL
zn  42.3027     43.5846
    TEILKREISDURCHM.  MM
dn  84.6054     87.1692
    GRNDKREISDURCHM.  MM
dbn 79.5030     81.9122
    KOPFKREISDURCHM.  MM
dan 89.2257     91.8311
    DRM. EINZEINGPKT. MM
den 85.9687     88.5810
    PROFILWINKEL     GRD
αen 22.3632     22.3746
    KRAFTANGRIFFSWI. GRD
αFen20.4292     20.4999

    BIEGEHEBELARM     MM
hF  1.9536      1.9528
    ZAHNFUSSEHNE      MM
sFn 4.4044      4.4211
    FUSSAUSRUNDGSRAD. MM
ρF  0.7758      0.7659

    FORMFAKTOR
YF  1.2052      1.1950
    SPNGSKORREKTURFAKTOR
YS  2.3836      2.4057
    SCHRAEGENFAKTOR
Yβ      0.7864
    DREHMOMENT RITZEL NM
T   150.0000    145.5882
    UMFANGSKRAFT       N
Ft      4,152.4794
    OERTL ZAFUSPG N/MM↑2
σF0 340.8325    361.7593
```

ZAHERTZ - Programmliste

```
 01♦LBL "ZAHERTZ"
SF 12  "PRGM ZAHERTZ"
AVIEW  CF 12  ADV
"BEZ RAD 1"  ARCL 13
ARCL 14  "⊢RAD 2"  PRA
CLA  ADV  ARCL 14
"⊢ZONEN"  XEQ F  "ZH  "
RCL 19  COS  LASTX  SIN
/  RCL 17  COS  *
RCL 18  COS  X↑2  /  2
*  SQRT  STO 09  XEQ B
"⊢ELASTIZITAETS"  XEQ F
"ZE  "  189.8684  ST* 09
XEQ B  "⊢UEBERDECKUNGS"
XEQ F  SF 09  "Z"  ACA
0  ACCOL  54  ACCOL  73
ACCOL  ACCOL  65  ACCOL
34  ACCOL  0  ACCOL  2
SKPCHR  CLA  RCL 04
X=0?  SF 04  RCL 21  1
X>Y?  GTO 01  RCL 20
1/X  GTO 02

 72♦LBL 01
4  ENTER↑  RCL 20  -  3
/  FS?C 04  GTO 02  1
ENTER↑  RCL 21  -  *
RCL 21  RCL 20  /  +

 90♦LBL 02
SQRT  ST* 09  XEQ B
"⊢SCHRAEGEN"  XEQ F
SF 09  "Z"  ACA  5
ACCHR  2  SKPCHR  CLA
RCL 04  COS  SQRT
ST* 09  XEQ B
"⊢DREHMOMENT "
"⊢RITZEL NM"  PRA
PROMPT  "T"  ARCL 13
ARCL X  STO 03  RCL 01
ST/ 03  *  RCL 02  /
XEQ A  "⊢UMFANGSKRAFT"
ARCL 13  ARCL 14  "⊢N"
PRA  SF 09  "F"  ACA
SF 13  "T  "  ACA  CLA
RCL 04  COS  2000  *
RCL 00  /  ST* 03
RCL 03  XEQ B
"⊢NENNFLAPRESS N"
"⊢/MM↑2"  PRA  CLA
SF 09  9  ACCHR  "⊢H0 "
ACA  CLA  RCL 05  RCL 06
X>Y?  X<>Y  RCL 00  *
RCL 01  *  RCL 04  COS
/  RCL 02  RCL 01  /  *
LASTX  1  +  /  ST/ 03
RCL 03  SQRT  ST* 09
RCL 09  XEQ B  STOP

180♦LBL B
ARCL 14  GTO 00

183♦LBL A
ARCL 13  ARCL 14  ASTO T
ASHF  ASTO Z  CLA
ARCL T  ARCL Z  FC? 09
ARCL 14

194♦LBL 00
ARCL X  FC?C 09  GTO 01
ACA  PRBUF  GTO 02

201♦LBL 01
PRA

203♦LBL 02
CF 13  CLA  ARCL 14  RTN

208♦LBL F
"⊢FAKTOR"  PRA  .END.
```

ZAFUSS - Programmliste

```
 01♦LBL "ZAFUSS"
SF 12  "PRGM ZAFUSS"
AVIEW  CF 12  ADV
"ERSATZ-GERAD"
"⊢VERZAHNUNG:"  PRA  ADV
"BEZ RAD 1"  ARCL 13
ARCL 14  "⊢RAD 2"  PRA
CLA  ADV  ARCL 14
"⊢ZAEHNEZAHL"  PRA
SF 13  "ZN  "  0  STO 09
20  STO 10  RCL 01
STO 03  RCL 02  STO 19
RCL 17  COS  X↑2  ST/ 20
RCL 04  COS  *  1/X
ST* 03  ST* 19  RCL 10
TAN  20  TAN  -  RCL 00
/  RCL 09  *  PI  4  /
+  RCL 08  20  TAN  *  +
RCL 10  SIN  1  ST- 20
-  RCL 07  *  RCL 10
COS  /  -  2  *  STO 09
STO 10  RCL 03  ARCL 03
ST/ 09  RCL 19  XEQ A
ST/ 10  PI  3  /  ST- 09
ST- 10  "⊢TEIL"  XEQ C
"DN  "  RCL 07  RCL 08
-  STO 23  STO 24
RCL 11  ST+ 23  RCL 12
ST+ 24  RCL 23  STO 25
RCL 24  STO 26  2
ST* 25  ST* 26  RCL 03
ST/ 25  RCL 19  ST/ 26
RCL 09  STO 22  XEQ 01
RCL T  STO 09  RCL 10
STO 22  RCL 26  STO 25
XEQ 01  RCL T  STO 10
DEG  FIX 4  GTO 02

123♦LBL 01
FIX 7  RAD  .5

127♦LBL 16
ENTER↑  ENTER↑  TAN
RCL 25  *  -  RCL 22  +
RCL 25  RCL T  COS  X↑2
/  1  -  /  ST+ T  RND
X=0?  RTN  RCL T  GTO 16

150♦LBL 02
RCL 03  RCL 00  *
ARCL X  ST+ 15  20  COS
*  STO 25  RCL 19
RCL 00  *  XEQ A  ST+ 16
20  COS  *  STO 26  1
ENTER↑  15  XEQ 03  2
ENTER↑  16  XEQ 03
GTO 04  STOP

179♦LBL 03
RCL IND Y  RCL 00  *
RCL 04  COS  /
ST- IND Y  RTN

188♦LBL 04
"⊢GRND"  XEQ C  "DBN "
ARCL 25  RCL 26  XEQ A
```

Fortsetzung

```
"⊢KOPF" XEQ C "DAN "
ARCL 15 RCL 16 XEQ A
"⊢DRM. EINZ"
"⊢EINGPKT." XEQ D
"DEN " 15 ENTER↑ 25
ENTER↑ 1 XEQ 01 16
ENTER↑ 26 ENTER↑ 2
XEQ 01 ARCL 15 RCL 16
XEQ A GTO 02

221♦LBL 01
RCL IND Z X↑2
RCL IND Z X↑2 - SQRT
20 COS RCL IND Z SIGN
* PI * RCL 00 * 2
* RCL 20 * - X↑2 24
ST+ T RDN RCL IND Z
X↑2 + SQRT RCL IND Y
SIGN * ST/ IND Z 10
ST- T RDN STO IND Z
RTN

259♦LBL 02
SF 09 "⊢PROFILWINKEL"
ARCL 14 XEQ E 4 ACCHR
SF 13 "⊢EN " ACA CLA
RCL 25 ACOS ARCL X
TAN STO 25 RCL 26
ACOS XEQ A TAN STO 26
"⊢KRAFTANGRIFFSW" "⊢I."
XEQ E SF 09 4 ACCHR
"F" ACA SF 13 "EN"
ACA CLA 20 TAN LASTX
D-R - ST- 25 ST- 26
11 ENTER↑ 3 XEQ 01
STO 20 ST- 25 12
ENTER↑ 19 XEQ 01
STO 22 ST- 26 RCL 25
R-D ARCL X RCL 26 R-D
XEQ A GTO 02

318♦LBL 01
RCL IND Y 20 TAN * 4
* PI + RCL IND Y /
2 / RTN

332♦LBL 02
SF 09 "⊢BIEGEHEBELARM"
ARCL 14 XEQ D "H" ACA
CF 13 "F " ACA CLA
RAD 25 ENTER↑ 20
ENTER↑ 15 XEQ 01 23
ENTER↑ 9 ENTER↑ 3
XEQ 02 ST- 15 26
ENTER↑ 22 ENTER↑ 16
XEQ 01 24 ENTER↑ 10
ENTER↑ 19 XEQ 02
ST- 16 2 ST/ 15
ST/ 16 RCL 15 RCL 16
RCL 00 ST* Y ST* Z
ARCL Z RCL Y XEQ A
GTO 03

382♦LBL 01
RCL IND Z TAN
RCL IND Z SIN * CHS
RCL IND Z COS +
RCL IND Y * RCL 00 /
STO IND Y RTN

398♦LBL 02
RCL IND Z RCL IND Z
COS / RCL IND Z CHS
PI STO L RDN 3 ST/ L
X<> L + COS RCL IND T
* + RCL 07 - RTN

419♦LBL 03
SF 09 "⊢ZAHNFUSSEHNE "
ARCL 14 XEQ D "S" ACA
CF 13 "F" ACA SF 13
"N " ACA CLA 9
ENTER↑ 3 XEQ 01
STO 20 23 ENTER↑ 9
XEQ 02 ST+ 20 10
ENTER↑ 19 XEQ 01
STO 22 24 ENTER↑ 10
XEQ 02 ST+ 22 RCL 22
RCL 20 RCL 00 ST* Y
ST* Z ARCL Y RCL Z
XEQ A GTO 03

462♦LBL 01
PI 3 / RCL IND T -
SIN RCL IND Y * RTN

472♦LBL 02
RCL IND Y RCL IND Y
COS / RCL 07 - 3
SQRT * RTN

483♦LBL 03
SF 09 "⊢FUSSAUS"
"⊢RUNDGSRAD." XEQ D
CF 13 0 ACCOL 62
ACCOL 81 ACCOL ACCOL
ACCOL 78 ACCOL 0
ACCOL "F " ACA CLA
3 ENTER↑ 9 ENTER↑ 23
XEQ 01 19 ENTER↑ 10
ENTER↑ 24 XEQ 01
RCL 24 RCL 23 RCL 00
ST* Y ST* Z ARCL Y
RCL Z XEQ A GTO 03

525♦LBL 01
RCL IND Z RCL IND Z
COS X↑2 * RCL IND Y
STO L RDN 2 ST* L
X<> L - RCL IND T COS
* RCL IND Y X↑2 / 2
/ 1/X RCL 07 +
STO IND Y RTN

551♦LBL 03
ADV "⊢FORM" XEQ F
"YF " 15 ENTER↑ 20
ENTER↑ 25 XEQ 01
ARCL X 16 ENTER↑ 22
ENTER↑ 26 XEQ 01
XEQ A GTO 02

571♦LBL 01
RCL IND Z RCL IND Z
X↑2 / 6 * RCL IND Y
COS * 20 D-R COS /
STO IND Y RTN

587♦LBL 02
"⊢SPNGSKORREKTUR" XEQ F
"YS " 20 ENTER↑ 23
ENTER↑ 15 XEQ 01
ARCL X ST* 25 22
ENTER↑ 24 ENTER↑ 16
XEQ 01 ST* 26 XEQ A
GTO 02

608♦LBL 01
RCL IND Z ST/ IND Y
ST/ IND Z RDN 2
ST* IND Z RDN
RCL IND Y RCL IND Y
ENTER↑ 2.3 * 1.21 +
1/X RCL Y 1/X X<>Y
Y↑X RCL IND T 1/X .13
* 1.2 + * RTN

636♦LBL 02
"⊢SCHRAEGEN" SF 09
XEQ F "Y" ACA 5
ACCHR " " ACA CLA
RCL 21 -4 / 1 +
RCL 21 -120 / RCL 04
* 1 + X<=Y? X<>Y
.75 X<=Y? X<>Y XEQ B
ST* 23 ST* 24
"⊢DREHMOMENT "
"⊢RITZEL NM" PRA
```

Fortsetzung

```
PROMPT DEG "T"
ARCL 13 ARCL X STO 03
RCL 01 ST/ 03 *
RCL 02 / XEQ A
"⊢UMFANGSKRAFT" ARCL 13
ARCL 14 "⊢N" PRA
SF 09 "F" ACA SF 13
"T " ACA CLA RCL 04
COS 2000 * RCL 00 /
ST* 03 RCL 03 XEQ B
"⊢OERTL ZAFUSPG "
"⊢N/MM↑2" PRA SF 09 9
ACCHR "F0 " ACA CLA
RCL 03 RCL 00 /
ST* 25 ST* 26 RCL 05
ST/ 25 RCL 06 ST/ 26
ARCL 25 RCL 26 XEQ A
STOP

725◆LBL B
ARCL 14 GTO 00

728◆LBL A
ARCL 13 ARCL 14 ASTO T
ASHF ASTO Z CLA
ARCL T ARCL Z FC? 09
ARCL 14

739◆LBL 00
ARCL X FC?C 09 GTO 01
ACA PRBUF GTO 02

746◆LBL 01
PRA

748◆LBL 02
CF 13 CLA ARCL 14 RTN

753◆LBL C
"⊢KREISDURCHM. "

755◆LBL D
"⊢ MM" PRA SF 13 RTN

760◆LBL E
"⊢ GRD" PRA CLA RTN

765◆LBL F
"⊢FAKTOR" PRA .END.
```

ZAMESS – Ausdruck für Beispiel

```
PRGM ZAMESS

BEZ RAD 1       RAD 2

    ZAHNDICKE        MM
sn  3.3806      3.3958
    ABMASS           MM
Aste-0.0340     -0.0340
Asti-0.0510     -0.0510
    V-KREIS-DURCHM.  MM
dv  72.7860     75.0169
    ZAHNDICKENSEHNE  MM
s̄vn 3.1167      3.1177
    ABMASSFAKTOR
As̄v*0.9754      0.9761
    TOLERANZ         MM
+/- 0.0083      0.0083

    MESSZAEHNEZAHL
k   5           6
    ZAHNWEITE        MM
Wk  27.9494     33.9041
    ABMASSFAKTOR
AW* 0.9397      0.9397
    TOLERANZ         MM
+/- 0.0080      0.0080
    MESSKREISDURCHM. MM
dM  71.9133     75.9155
    MINDESTZAHNBREITE MM
b)= 10.6825     12.9584

    MESSSTUECKDURCHM. MM
DM  3.4366      3.4377
    WAHL DM AUS DIN 3977
DM  3.5000      3.5000

    MASS UEBER KUGELN MM
MdK 77.6452     79.9584
    ABMASSFAKTOR
AMd*2.3778      2.3833
    TOLERANZ         MM
+/- 0.0202      0.0203

    MASS UEBER ROLLEN MM
MdR 77.7293     79.9584
    ABMASSFAKTOR
AMd*2.3804      2.3833
    TOLERANZ         MM
+/- 0.0202      0.0203

    LEHRZAHNRAD DIN 3970
zL          36
    WAELZABSTAND     MM
a"  75.7970     76.9120
    ABMASSFAKTOR
Aa"*1.3443      1.3425
    TOLERANZ         MM
+/- 0.0114      0.0114
```

ZAMESS – Programmliste

```
 01♦LBL "ZAMESS"
SF 12  "PRGM ZAMESS"
AVIEW  CF 12  ADV
"BEZ RAD 1"  ARCL 13
ARCL 14  "⊢RAD 2"  PRA
CLA  ADV  ARCL 14  SF 00
XEQ 03  ARCL 14  ARCL 14
XEQ C  "SN  "  11
XEQ 01  ARCL X  12
XEQ 01  GTO 02

 27♦LBL 01
RCL IND X  2  *  20  TAN
*  PI  2  /  +  RCL 00
*  RTN

 41♦LBL 02
XEQ D  ARCL 14  ARCL 14
ARCL 13  XEQ C  XEQ 01
"E"  ACA  CLA  ARCL 15
RCL 25  XEQ A  XEQ 01
"I"  ACA  CLA  ARCL 16
RCL 26  XEQ A  GTO 02

 62♦LBL 01
CF 13  "A"  ACA  SF 13
"ST"  ACA  SF 09  RTN

 71♦LBL 02
CF 00  15  ENTER↑  16
XEQ 01  ST+ 11  25
ENTER↑  26  XEQ 01
ST+ 12  GTO 02

 84♦LBL 01
RCL IND Y  RCL IND Y  +
RCL 00  /  4  /  20  TAN
/  RTN

 96♦LBL 02
"⊢V-KREIS-"
"⊢DURCHM.  "  XEQ C
SF 13  "DV  "  1  ENTER↑
11  XEQ 01  STO 09
ARCL X  2  ENTER↑  12
XEQ 01  STO 10  XEQ A
GTO 03

115♦LBL 01
RCL IND Y  RCL 04  COS
/  RCL IND Y  2  *  +
RCL 00  *  RTN

127♦LBL 03
"⊢ZAHNDICKE"  FS? 00
RTN  SF 09  "⊢NSEHNE  "
XEQ C  XEQ 00  "VN  "
ACA  CLA  1  ENTER↑  11
XEQ 01  STO 21  XEQ 02
STO 23  XEQ 03  ST+ 21
2  ENTER↑  12  XEQ 01
STO 22  XEQ 02  STO 24
XEQ 03  ST+ 22  RCL 21
R-D  RCL 23  COS  3  Y↑X
*  SIN  RCL 09  *
RCL 23  COS  X↑2  /
ARCL X  RCL 22  R-D
RCL 23  COS  3  Y↑X  *
SIN  RCL 10  *  RCL 24
COS  X↑2  /  XEQ D
SF 09  "A"  ACA  XEQ 00
"V*"  ACA  CLA  1
ENTER↑  11  SF 00
XEQ 01  21  X<>Y  XEQ 04
RCL 23  COS  *  RCL 09
*  RCL 01  /  STO 09
ARCL X  2  ENTER↑  12
XEQ 01  22  X<>Y  XEQ 04
RCL 24  COS  *  RCL 10
*  RCL 02  /  STO 10
XEQ E  XEQ 22  GTO 05

228♦LBL 00
0  ACCOL  73  ACCOL  85
ACCOL  ACCOL  ACCOL  37
ACCOL  0  ACCOL  SF 13
RTN

243♦LBL 01
RCL IND X  2  *  RCL 04
COS  *  RCL IND Z  +
1/X  RCL IND Z  *
RCL 18  COS  *  ACOS
FS? 00  RTN  D-R  LASTX
TAN  -  RTN

266♦LBL 02
RDN  RCL IND X  2  *
RCL 04  COS  *
RCL IND Z  +  LASTX  /
RCL 04  TAN  *  R-D  RTN

283♦LBL 03
RDN  RCL IND X  4  *  20
TAN  *  PI  +  2  /
RCL IND Z  /  RCL 18
TAN  LASTX  D-R  -  +
RTN

304♦LBL 04
RCL IND Y  R-D  -  TAN
RCL IND Y  R-D  SIN  *
CHS  RCL IND Y  R-D  COS
+  RCL 00  /  RTN

321♦LBL 22
RCL 15  RCL 16  -  2  /
RCL 09  *  ARCL X
RCL 25  RCL 26  -  2  /
RCL 10  *  XEQ A  RTN

339♦LBL 05
CF 04  ADV  RCL 04  X≠0?
SF 04  COS  3.3  Y↑X
1/X  STO 09
"⊢MESSZAEHNEZAHL"  PRA
CF 29  FIX 0  SF 13  "K"
ARCL 13  11  ENTER↑  1
XEQ 01  2  X<Y?  X<>Y
STO 23  ARCL X  12
ENTER↑  2  XEQ 01  2
X<Y?  X<>Y  STO 24
XEQ A  SF 29  FIX 4
GTO 02

378♦LBL 01
RCL IND Y  2  *  RCL 04
COS  *  RCL IND Y  +
LASTX  /  1/X  RCL 18
COS  *  ACOS  TAN
RCL 17  COS  X↑2  /
RCL IND Z  RCL IND Z  /
2  *  20  TAN  *  -
RCL 18  D-R  LASTX  TAN
-  +  RCL IND T  *  PI
/  RCL IND T  ENTER↑
ABS  /  2  /  +  RND
RTN

427♦LBL 02
"⊢ZAHNWEITE"  ARCL 14
ARCL 14  XEQ C  CF 13
"W"  ACA  SF 13  "K  "
ACA  CLA  SF 09  23
ENTER↑  1  ENTER↑  11
XEQ 01  STO 23  ARCL X
24  ENTER↑  2  ENTER↑
12  XEQ 01  STO 24
GTO 02

456♦LBL 01
RCL IND Y  ABS  ST/ L
RDN  2  ST/ L  RDN
RCL IND Z  LASTX  -  PI
*  RCL 18  RAD  D-R  TAN
```

Fortsetzung

```
ST- L  RDN  DEG  LASTX
CHS  RCL IND T  *  +  20
COS  *  RCL IND Y  20
SIN  *  2  *  +  RCL 00
*  RTN

494♦LBL 02
CF 00  XEQ D  SF 00
"AW* "  20  COS  ARCL X
XEQ E  RCL 15  RCL 16  -
2  /  X<>Y  *  ARCL X
LASTX  RCL 25  RCL 26  -
2  /  *  XEQ A
"├MESSKREIS"
"├DURCHM. "  XEQ C
CF 13  "dM  "  1  ENTER↑
23  XEQ 01  ARCL X  2
ENTER↑  24  XEQ 01
XEQ A  GTO 02

535♦LBL 01
RCL IND Y  RCL 00  *
RCL 18  COS  *  RCL 04
COS  /  X↑2  RCL IND Y
RCL 17  COS  *  X↑2  +
SQRT  RTN

554♦LBL 02
"├MINDESTZAHN"
"├BREITE"  XEQ C  "b>= "
RCL 17  SIN  ST* 23
ST* 24  ARCL 23  RCL 24
XEQ A  ADV
"├MESSSTUECK"
"├DURCHM."  XEQ C  CF 13
"DM  "  1  ENTER↑  11
XEQ 01  STO 23  2
ENTER↑  12  XEQ 01
STO 24  SF 01  11
ENTER↑  1  XEQ 02  SF 02
12  ENTER↑  2  XEQ 02
RCL 00  RCL 09  *  20
COS  *  ST* 23  ST* 24
RCL 01  ST* 23  RCL 02
ST* 24  ARCL 23  RCL 24
XEQ A  GTO 03

608♦LBL 01
20  COS  RCL 09  *
RCL IND Z  *  LASTX
RCL 09  *  RCL IND Z  2
*  +  /  ACOS  TAN  CHS
RTN

627♦LBL 02
PI  RCL IND Z  4  *  20
TAN  *  -  2  /  RCL 09
/  RCL IND T  /  20  D-R
LASTX  TAN  -  +  FS? 01
RCL 23  FS? 02  RCL 24
-  R-D  TAN  FS?C 01
ST+ 23  FS?C 02  ST+ 24
RTN

660♦LBL 03
"├WAHL DM AUS"
"├ DIN 3977"  PRA
PROMPT  "DM  "  ARCL 23
RCL 24  XEQ F  "├KUGELN"
XEQ C  CF 13  "MdK  "  23
ENTER↑  11  ENTER↑  1
XEQ 01  STO 21  24
ENTER↑  12  ENTER↑  2
XEQ 01  STO 22  RCL 01
ST* 21  XEQ H  21
ENTER↑  1  ENTER↑  23
XEQ I  ARCL X  RCL 02
ST* 22  XEQ H  22
ENTER↑  2  ENTER↑  24
XEQ I  XEQ D  "AMd*"
RCL 01  XEQ H  1  ENTER↑
9  XEQ J  ARCL X  RCL 02
XEQ H  2  ENTER↑  10
XEQ J  XEQ E  RCL 01
XEQ H  1  ENTER↑  9
XEQ J  RCL 15  RCL 16  -
2  /  *  ARCL X  RCL 02
XEQ H  2  ENTER↑  10
XEQ J  RCL 25  RCL 26  -
2  /  *  XEQ F  GTO 03

749♦LBL 01
FIX 7  RCL IND Z
RCL IND Y  /  RCL 00  /
20  COS  /  RCL IND Z  4
*  20  TAN  *  PI  -  2
/  RCL IND Z  /  +
RCL 18  TAN  LASTX  D-R
-  +  STO 03  .4

780♦LBL G
ENTER↑  R-D  TAN  RCL Y
-  RCL 03  -  RCL Y  R-D
COS  X↑2  1/X  1  -  /
RND  X=0?  GTO 02  -
GTO G

801♦LBL 02
RDN  R-D  FS?C 00
STO 09  STO 10  COS  1/X
RCL 18  COS  *  RCL 00
*  RCL 04  COS  /  FIX 4
RTN

819♦LBL 03
"├ROLLEN"  XEQ C  CF 13
"MdR  "  RCL 01  XEQ H
FS? 04  SF 00  21
ENTER↑  1  ENTER↑  23
XEQ I  ARCL X  RCL 02
XEQ H  FS? 04  SF 00  22
ENTER↑  2  ENTER↑  24
XEQ I  XEQ D  "AMd*"
XEQ 01  ARCL X  XEQ 02
XEQ E  XEQ 01  RCL 15
RCL 16  -  2  /  *
ARCL X  XEQ 02  RCL 25
RCL 26  -  2  /  *
XEQ A  GTO 03

868♦LBL 01
RCL 01  XEQ H  FS? 04
SF 00  1  ENTER↑  9
XEQ J  RTN

878♦LBL 02
RCL 02  XEQ H  FS? 04
SF 00  2  ENTER↑  10
XEQ J  RTN

888♦LBL 03
ADV  "├LEHRZAHNRAD "
"├DIN 3970"  PRA  PROMPT
SF 13  "Z"  ACA  CF 13
"L  "  ACA  CLA  SF 09
CF 29  FIX 0  RCL 23
XEQ B  SF 29  FIX 4
"├WAELZABSTAND "
ARCL 14  XEQ C  SF 09
"a"  ACA  34  ACCHR
"  "  ACA  CLA  SF 00
11  ENTER↑  1  XEQ 01  1
ENTER↑  9  XEQ 02
ARCL X  12  ENTER↑  2
XEQ 01  2  ENTER↑  10
XEQ 02  XEQ D  GTO 03

939♦LBL 01
FIX 7  RCL IND Y  RCL 24
+  RCL IND Y  RCL 23  +
/  2  *  20  TAN  *
RCL 18  TAN  LASTX  D-R
-  +  STO 03  .4  XEQ G
RTN
```

Fortsetzung

```
963♦LBL 02
RCL IND Y  RCL 23  +  2
/  RCL 04  COS  /
RCL 00  *  RCL 18  COS
*  RCL IND Y  COS  /
RTN

981♦LBL 03
"Aa"  ACA  34  ACCHR
"*"  ACA  CLA  SF 09  9
XEQ 01  ARCL X  STO 09
10  XEQ 01  STO 10
XEQ E  XEQ 22  CF 04
STOP

1001♦LBL 01
RCL 18  COS  RCL IND Y
SIN  /  RCL 04  COS  /
2  /  RTN

1013♦LBL B
ARCL 13  ARCL 13  GTO 00

1017♦LBL A
ARCL 13  ARCL 14  ASTO T
ASHF  ASTO Z  CLA
ARCL T  ARCL Z  FC? 09
ARCL 14

1028♦LBL 00
ARCL X  FC?C 09  GTO 01
ACA  PRBUF  GTO 02

1035♦LBL 01
PRA

1037♦LBL 02
CF 13  CLA  ARCL 14  RTN

1042♦LBL C
"⊢ MM"  PRA  CLA  SF 13
RTN

1048♦LBL D
XEQ A  "⊢ABMASS"  FS? 00
RTN  "⊢FAKTOR"  PRA  RTN

1056♦LBL E
XEQ A  "⊢TOLERANZ "
ARCL 14  ARCL 14  XEQ C
"+/- "  RTN

1064♦LBL F
XEQ A  ADV
"⊢MASS UEBER "  RTN

1069♦LBL H
CF 00  2  MOD  X=0?
SF 00  RTN

1076♦LBL I
RCL IND Z  FS?C 00
GTO 00  PI  RCL IND T  /
2  /  R-D  COS  *

1088♦LBL 00
RCL IND Y  +  RTN

1092♦LBL J
RCL 18  COS  RCL 04  COS
/  RCL IND Y  SIN  /
FS? 00  RTN  PI
RCL IND T  /  2  /  R-D
COS  *  .END.
```

4.5 ZWIRAD

Das Programm läßt sich einsetzen, um Koordinaten von Zwischenwellen zu ermitteln. Zwischenwellen werden z.B. im Werkzeugmaschinenbau bei der Bohrkopfauslegung eingebaut, um nicht zu große Räder zu erhalten, wenn bei einem Bohrbild relativ große Abstände sind, oder wenn es nötig ist, über zwei "Etagen" anzutreiben.

Es sei b = Teilkreishalbmesser von Antriebsrad und Zwischenrad

a = Teilkreishalbmesser von Pinolenrad und Zwischenrad

X bzw. Y Koordinaten der Pinole

Skizze

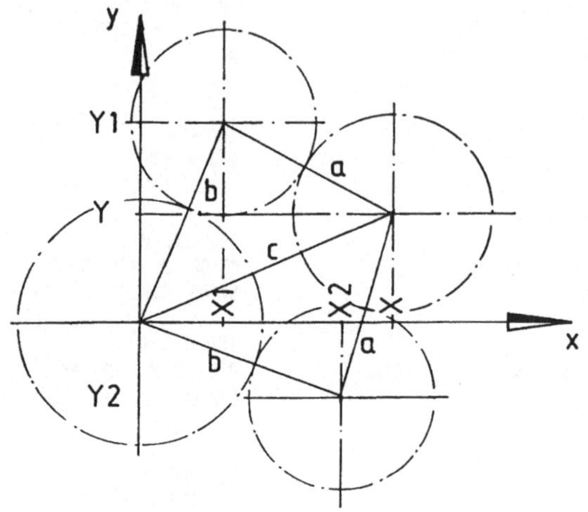

Beispiel

```
            XEQ "ZWIRAD"
b:
            35.0000  RUN
a:
            30.0000  RUN
Y:
            17.0000  RUN
X:
            41.0000  RUN
X1=14.8458
                     RUN
Y1=31.6955
                     RUN
X2=32.9182
                     RUN
Y2=11.8909
```

ZWIRAD - Programmliste

```
♦LBL "ZWIRAD"
"b:"
PROMPT
ENTER↑
X↑2
"a:"
PROMPT
X↑2
-
"Y:"
PROMPT
"X:"
PROMPT
R-P
X↑2
ST+Z
RDN
LASTX
ST/ Z
RCL T
ST/ T
RDN
RDN
2
ST/ Z
RDN
RDN
ACOS
ST+ T
X<> T
X<> Y
P-R
"X1="
XEQ 00
"Y1="
XEQ 01
R-P
RCL T
2
*
ST-Z
RDN
P-R
"X2="
XEQ 00
"Y2="
XEQ 01
GTO 02
♦LBL 00
ARCL X
AVIEW
STOP
RTN
♦LBL 01
ARCL Y
AVIEW
STOP
RTN
♦LBL 02
.END.
```

4.6 ZAEZA 1
ZAEZA 2

Vom HP 25 umgeschrieben auf den HP 41 können die beiden Programme wie folgt aussehen:

dabei bedeutet

I SOLL:	Eingabe Übersetzungsverhältnis
F....%:	Eingabe Toleranz in Prozent
P:	Eingabe max. Zähnezahl
NO:	Eingabe Startwert Ritzelzähnezahl
P	Ausgabe prozentuale Abweichung
Z	Ausgabe Summe Radzähnezahl
N	Ausgabe Summe Ritzelzähnezahl

```
          XEQ "ZAEZA 1"
PRGM ZAEZA 1
I SOLL:
            5.35    RUN
F...%:
             2.5      %
                    RUN
P:-0.31%,Z:N16:3
P:-1.87%,Z:N21:4
P:0.93%,Z:N27:5
P:1.47%,Z:N38:7
P:-1.20%,Z:N37:7
P:0.47%,Z:N43:8
P:1.77%,Z:N49:9
P:-2.39%,Z:N47:9
P:-0.93%,Z:N53:10
P:1.95%,Z:N60:11
P:0.25%,Z:N59:11
P:-1.44%,Z:N58:11
P:1.25%,Z:N65:12
P:2.08%,Z:N71:13
P:0.65%,Z:N70:13
P:-0.79%,Z:N69:13
P:-2.23%,Z:N68:13
P:0.13%,Z:N75:14
P:2.18%,Z:N82:15
P:-1.56%,Z:N79:15
P:1.64%,Z:N87:16
P:-0.70%,Z:N85:16
P:2.25%,Z:N93:17
P:1.15%,Z:N92:17
P:0.05%,Z:N91:17
P:-1.04%,Z:N90:17
P:-2.14%,Z:N89:17
P:0.73%,Z:N97:18
P:-1.35%,Z:N95:18
P:2.31%,Z:N104:19
P:1.33%,Z:N103:19
```

```
          XEQ "ZAEZA 1"
PRGM ZAEZA 1
I SOLL:
          3.2700    RUN
F...%:
          2.5000      %
                    RUN
P:1.94%,Z:N10:3
P:-0.61%,Z:N13:4
P:-2.14%,Z:N16:5
P:0.48%,Z:N23:7
P:-1.46%,Z:N29:9
P:0.92%,Z:N33:10
P:0.08%,Z:N35:11
P:1.15%,Z:N43:13
P:-1.20%,Z:N42:13
P:-1.70%,Z:N45:14
P:-0.10%,Z:N49:15
P:1.30%,Z:N53:16
P:0.74%,Z:N56:17
P:-1.06%,Z:N55:17
P:0.24%,Z:N59:18
P:1.40%,Z:N63:19
P:-0.21%,Z:N62:19
P:-1.82%,Z:N61:19
P:2.45%,Z:N67:20
P:-0.98%,Z:N68:21
P:-2.43%,Z:N67:21
P:1.47%,Z:N73:22
P:-1.31%,Z:N71:22
P:2.38%,Z:N77:23
P:1.05%,Z:N76:23
P:-0.28%,Z:N75:23
P:-1.61%,Z:N74:23
P:0.66%,Z:N79:24
P:-1.89%,Z:N77:24
P:1.53%,Z:N83:25
P:0.31%,Z:N82:25
```

ZAEZA 2 – Ausdruck für Beispiel [1],[2]

```
         XEQ "ZAEZA 2"
PRGM ZAEZA 2
I SOLL:
             132.5   RUN
F ...%:
               .02     %
                     RUN
P:
                50   RUN
N0:
                 1   RUN
Z:N=2783:21
P=0.02 %
Z=11*11*23
N=3*7

Z:N=3312:25
P=-0.02 %
Z=2*2*2*2*3*3*23
N=5*5

Z:N=4107:31
P=-0.01 %
Z=3*37*37
N=31

Z:N=4902:37
P=-0.01 %
Z=2*3*19*43
N=37

Z:N=5168:39
P=0.01 %
Z=2*2*2*2*17*19
N=3*13

Z:N=5301:40
P=0.02 %
Z=3*3*19*31
N=2*2*2*5

Z:N=5698:43
P=0.01 %
Z=2*7*11*37
N=43

Z:N=5831:44
P=0.02 %
Z=7*7*7*17
N=2*2*11

Z:N=8613:65
P=0.01 %
Z=3*3*3*11*29
N=5*13

Z:N=9009:68
P=-0.01 %
Z=3*3*7*11*13
N=2*2*17

Z:N=9541:72
P=0.01 %
Z=7*29*47
N=2*2*2*3*3

Z:N=11264:85
P=0.01 %
Z=2*2*2*2*2*2*2*2*2*2*11
N=5*17

Z:N=11661:88
P=0.01 %
Z=3*13*13*23
N=2*2*2*11

Z:N=12586:95
P=-0.01 %
Z=2*7*29*31
N=5*19

Z:N=12987:98
P=0.02 %
Z=3*3*3*13*37
N=2*7*7

Z:N=13120:99
P=0.02 %
Z=2*2*2*2*2*2*5*41
N=3*3*11

Z:N=13912:105
P=-3.59E-3 %
Z=2*2*2*37*47
N=3*5*7

Z:N=15500:117
P=-0.02 %
Z=2*2*5*5*5*31
N=3*3*13
```

Programmliste ZAEZA 1

```
01•LBL "ZAEZA 1"
02 SF 12
03 "PRGM ZAEZA 1"
04 AVIEW
05 CF 12
06 CLRG
07 "I SOLL:"
08 PROMPT
09 STO 00
10 STO 01
11 STO 02
12 "F...%:"
13 PROMPT
14 ST- 00
15 ST+ 01
16•LBL 00
17 1
18 ST+ 05
19 RCL 05
20 RCL 01
21 *
22 INT
23 STO 06
24 GTO 03
25•LBL 02
26 1
27 ST- 06
28•LBL 03
29 RCL 06
30 RCL 05
31 RCL 00
32 *
33 X>Y?
34 GTO 00
35 RCL 06
36 ENTER↑
37 RCL 05
38•LBL 05
39 MOD
40 X=0?
41 GTO 06
42 LASTX
43 X<>Y
44 GTO 05
45•LBL 06
46 LASTX
47 1
48 X≠Y?
49 GTO 02
50 RCL 02
51 RCL 06
52 RCL 05
53 /
54 %CH
55 FIX 2
56 "P:"
57 ARCL X
58 "⊦%,Z:N"
59 FIX 0
60 CF 29
61 ARCL 06
62 "⊦:"
63 ARCL 05
64 SF 29
65 FIX 4
66 AVIEW
67 GTO 02
68 END
```

Programmliste ZAEZA 2

```
01◆LBL "ZAEZA 2"
02 SF 12
03 "PRGM ZAEZA 2"
04 AVIEW
05 CF 12
06 CF 01
07 CF 29
08 FIX 0
09 "I SOLL:"
10 PROMPT
11 STO 00
12 STO 01
13 STO 02
14 "F ...%:"
15 PROMPT
16 ST- 00
17 ST+ 01
18 "P:"
19 PROMPT
20 STO 04
21 "N0:"
22 PROMPT
23 1
24 -
25 STO 05
26 CLA
27◆LBL 00
28 1
29 ST+ 05
30 RCL 05
31 RCL 01
32 *
33 INT
34 STO 06
35 GTO 02
36◆LBL 01
37 1
38 ST- 06
39 STO 03
40◆LBL 02
41 RCL 00
42 RCL 05
43 *
44 RCL 06
45 X<Y?
46 GTO 00
47 STO 07
48 RCL 05
49 ST* 07
50 GTO 03
51◆LBL 04
52 X>Y?
53 X<>Y
54 -
55 LASTX
56◆LBL 03
57 X≠Y?
58 GTO 04
59 1
60 X≠Y?
61 GTO 01
62 STO 03
63 XEQ 05
64 "Z:N="
65 ARCL 06
66 "├:"
67 ARCL 05
68 AVIEW
69 "P="
70 RCL 02
71 RCL 06
72 RCL 05
73 /
74 %CH
75 FIX 2
76 ARCL X
77 "├ %"
78 AVIEW
79 FIX 0
80 SF 01
81 RCL 06
82 STO 07
83 STO 08
84 1
85 STO 03
86 "Z="
87 XEQ 05
88 AVIEW
89 RCL 05
90 STO 07
91 STO 09
92 1
93 STO 03
94 "N="
95 XEQ 05
96 AVIEW
97 CLD
98 ADV
99 CF 01
100 RCL 08
101 STO 06
102 RCL 09
103 STO 05
104 GTO 01
105◆LBL 05
106 1
107 2
108 RCL 03
109 RCL 04
110 X<Y?
111 GTO 01
112 RDN
113 X<=Y?
114 RDN
115 RDN
116 ST+ 03
117◆LBL 06
118 RCL 07
119 RCL 03
120 /
121 FRC
122 X≠0?
123 GTO 05
124 FC? 01
125 GTO 07
126 ARCL 03
127◆LBL 07
128 LASTX
129 STO 07
130 1
131 X≠Y?
132 GTO 08
133 RTN
134◆LBL 08
135 "├*"
136 GTO 06
137 .END.
```

Literaturangabe

[1] W.Sewering und P.Sarreither:
Bestimmung von Zähnezahlen bei Getrieben mit vorgegebenem Übersetzungsverhältnis
ant "antriebstechnik" 16 (1977) Nr. 6 , S.374-375

[2] W. Frangen und F. Heimann:
Bestimmung der Zähnezahlen bei Getrieben mit vorgegebenem Übersetzungsverhältnis. Zwei Taschenrechner-Programme
ant "antriebstechnik" 17 (1978) Nr. 6, S. 276-279

[3] W. Richter:
Auslegung profilverschobener Außenverzahnungen
Konstruktion 14 (1962) Heft 5

Druckfederberechnung, FX–602 P

von Peter Dahms

Das im Folgendem beschriebene Taschenrechnerprogramm soll den Entwurf und die Berechnung von zylindrischen Schraubenfedern aus runden Drähten, beim Vorgehen nach DIN 2089/1 vereinfachen. Die NORM ist die Grundlage dieses Programms, die Formeln sind ihr entnommen und der Rechenablauf hält sich an deren Vorschläge. Es können sowohl Druckfedern mit ruhender, bzw. selten wechselnder Belastung, sowie auch Druckfedern mit schwingender Belastung berechnet werden.

Die zulässigen Spannungen können sowohl der DIN 2089/1 als auch der DIN 17 223 und weiteren entnommen werden. Das Programm wurde mit Daten der DIN 2098/1 und /2 getestet und ergab dabei ausreichende Übereinstimmung der Werte. Für die fertigungstechnische Vervollständigung der Daten und Toleranzen usw. sind die einschlägigen DIN - Normen in der jeweils neuesten Ausgabe zugrunde zu legen.

Für das Programm wurden zwei Versionen erstellt :
--DRF 1 - für die Arbeit mit dem Rechner ohne Drucker,
--DRF 2 - für die Arbeit mit Rechner und Drucker FP - 10.

Die F i g. 1 zeigt den Bedienungsablauf für das Programm DRF 1 ohne Druckerbenutzung. Die Eingabewerte und die Ergebnisse sind die gleichen wie in der F i g. 4 bei der Berechnung mit Drucker protokolliert. Die F i g. 2 und F i g. 3 zeigen die Listings der beiden Programmversionen und die F i g. 4 bis F i g. 7 zeigen den Ausdruck von vier Musterbeispielen. Die F i g. 8 zeigt den Ausschnitt eines Rechenformulars mit der Angabe der benutzten Bezeichnungen und Einheiten.

Bei der Berechnung sind die in DIN 2089/1 gemachten Einschränkungen zu beachten, das Programm sollte deshalb nur neben dem Normblatt verwendet werden und bei Änderungen sollten auch dort die Formeln nachgeschlagen werden.

Programm DRF 1 Bedienungsablauf :

Tastenbetätigung	Anzeige	Eingabebeispiel	
PO ——→	" F * 1 (N) : ?"	Ø	
EXE ——→	" F * 2 (N) : ?"	32,5	
EXE ——→	"Delta f / f*2 "	1,7	(mm)
EXE ——→	"D * a (mm)? "	4,8	
EXE ——→	"G (N/mm2) : ? "	83 ØØØ	
EXE ——→	" t,zul : ? "	1 ØØØ	(N/mm2)
EXE ——→			

/ Es folgt ein Iterationsablauf für den Drahtdurchmesser, ergibt sich ein Durchmesser, der nicht ein Wickelverhältnis zwischen 4 und 11 ermöglicht, so verzweigt das Programm zurück und fragt wieder nach einem D + a - Wert und läuft dann ab dort weiter. G und t,zul können neu eingegeben oder durch EXE bestätigt werden. /
/ sonst : /

Tastenbetätigung	Anzeige	Eingabebeispiel
——→	" d : Ø,781 EXE "	
EXE ——→	" d * NORM EXE "	Ø,8
EXE ——→	" i * f : 3,5 "	
EXE ——→	" f * 2 : 1,7 "	
EXE ——→	"L * Bl : 4 "	
EXE ——→	" Spannungen vorh (N/mm2) "	
	" tauk * 2 = 836 "	
EXE ——→	" ENDE-- PØ "	

/ Für einen neuen Rechenablauf muß wieder PO gedrückt werden. /
/ Bei der Eingabe von zwei Kräften P_1 und P_2 für schwingende Belastung werden am Schluß zusätzlich die Spannungen tauk*h und tauk * 1 nach EXE ausgegeben. /

Fig. 1 Programm DRF 1, Bedienungsablauf.

```
PROGRAM LIST
M00-19,F-1F 512steps
FILE :  DRF1

*** P0
MAC
LBL0
"Druckfeder"
PAUSE
"F*1(N): ?"
HLT Min00
"F*2(N): ?"
HLT Min01
"Delta f/f*2"
HLT Min02
LBL3
MR10
PAUSE
"D*a(mm) ?"
HLT Min03
MR04
"G(N/mm2):?"
HLT Min04
MR05
"t,zul: ? "
HLT Min05
( MR01 ÷ 10 x MR03 x
500 ÷ MR05 ) x1/y 3 x
.375 = FIX3 Min07
Min08
LBL1
GSBP2
4 - MR10 = x≥0 GOTO3
MR10 - 11 = x≥0
GOTO3
GSBP3
GSBP4
" AR07 : AR08 "
PAUSE
MR07 - MR08 = x≥0
GOTO2
MR07 FIX3 Min08 + .0
1 x MR08 = FIX3
Min07 GOTO1
LBL2
"d: AR08  EXE"
HLT
"d*NORM EXE"
HLT Min08
GSBP2
GSBP3
MR08 xy 4 x MR04 x
MR02 ÷ MR09 xy 3 ÷ 8
÷ ( MR01 - MR00 ) =
+ .5 = INT + .5 =
Min12
"i*f: AR12 "
HLT
MR01 x MR02 ÷ ( MR01
- MR00 ) = FIX2
Min14
"f*2: AR14 mm"
HLT
MR11 x 8 ÷ π x MR09
÷ MR08 xy 3 = Min13
( MR12 + 2 ) x MR08
+ .5 = INT Min19
"L*Bl: AR19 mm"
HLT
MR19 + ( .3 x MR08 x
MR12 ) + MR14 = FIX1
Min15
"L*o: AR15 mm"
HLT
GSBP1
"ENDE→ P0 "
                ...335steps

*** P1
"Spannungen"
PAUSE
"vorh(N/mm2)"
PAUSE
MR13 x MR01 = FIX0
Min16
"tauk*2=  AR16 "
HLT
MR13 x MR00 = FIX0
Min17 x=0 GOTO9
"tauk*1=  AR17 "
HLT
MR17
MR16 - MR17 = Min18
"tauk*h=  AR18 "
HLT
LBL9
                ...087steps

*** P2
MR03 - MR08 = Min09
÷ MR08 = Min10
                ...010steps

*** P3
1 + 1.25 ÷ MR10 + .8
75 ÷ MR10 x² + 1 ÷
MR10 xy 3 = Min11
                ...025steps

*** P4
( MR11 x 7.5 x MR01
x MR03 ÷ π ÷ MR05 )
x1/y 3 = FIX3 Min08
                ...022steps
```

Fig. 2 Programmlisting DRF 1.

```
PROGRAM LIST
M00-19,F-1F 512steps
FILE :  DRF2

*** P0
MAC
LBL0
"Druckfeder"
GSBP9
"F*1(N): ?"
GSBP9
HLT
GSBP9
Min00
"F*2(N): ?"
GSBP9
HLT
GSBP9
Min01
"Delta f/f*2"
GSBP9
HLT
GSBP9
Min02
LBL3
MR10
PAUSE
"D*a(mm) ?"
GSBP9
HLT
GSBP9
Min03
MR04
"G(N/mm2):?"
GSBP9
HLT
GSBP9
Min04
MR05
"t,zul: ? "
GSBP9
HLT
GSBP9
Min05
( MR01 ÷ 10 x MR03 x
500 ÷ MR05 ) x1/y 3 x
.375 = FIX3 Min07
Min08
LBL1
GSBP2
4 - MR10 = x≥0 GOTO3
MR10 - 11 = x≥0
GOTO3
GSBP3
GSBP4
" AR07 : AR08 "
GSBP9
MR07 - MR08 = x≥0
GOTO2
MR07 FIX3 Min08 + .0
1 x MR08 = FIX3
Min07 GOTO1
LBL2
"d: AR08  EXE"
GSBP9
"d*NORM EXE"
HLT
GSBP9
Min08
GSBP2
GSBP3
MR08 xy 4 x MR04 x
MR02 ÷ MR09 xy 3 ÷ 8
÷ ( MR01 - MR00 ) =
+ .5 = INT + .5 =
Min12
"i*f: AR12 "
GSBP9
MR01 x MR02 ÷ ( MR01
- MR00 ) = FIX2
Min14
"f*2: AR14 mm"
GSBP9
MR11 x 8 ÷ π x MR09
÷ MR08 xy 3 = Min13
( MR12 + 2 ) x MR08
+ .5 = INT Min19
"L*Bl: AR19 mm"
GSBP9
MR19 + ( .3 x MR08 x
MR12 ) + MR14 = FIX1
Min15
"L*o: AR15 mm"
GSBP9
GSBP1
"ENDE→ P0 "
GSBP9
" "
GSBP9
GSBP9
GSBP9
GSBP9
                ...356steps

*** P1
" "
GSBP9
"Spannungen"
GSBP9
"vorh(N/mm2)"
GSBP9
MR13 x MR01 = FIX0
Min16
"tauk*2=  AR16 "
GSBP9
MR13 x MR00 = FIX0
Min17 x=0 GOTO9
"tauk*1=  AR17 "
GSBP9
MR17
MR16 - MR17 = Min18
"tauk*h=  AR18 "
GSBP9
LBL9
" "
GSBP9
                ...095steps

*** P2
MR03 - MR08 = Min09
÷ MR08 = Min10
                ...010steps

*** P3
1 + 1.25 ÷ MR10 + .8
75 ÷ MR10 x² + 1 ÷
MR10 xy 3 = Min11
                ...025steps

*** P4
( MR11 x 7.5 x MR01
x MR03 ÷ π ÷ MR05 )
x1/y 3 = FIX3 Min08
                ...022steps

*** P9
SAVE invEXE
                ...003steps
```

Fig. 3 Programmlisting DRF 2.

```
Druckfeder
F*1(N): ?
            0.
F*2(N): ?
         32.5
Delta f/f*2
          1.7
D*a(mm) ?
          4.8
G(N/mm2):?
       83000.
t,zul: ?
        1000.
d:0.781 EXE
d*NORM EXE
          0.8
i*f:3.5
f*2:1.7mm
L*Bl:4mm
L*o:6.5mm

Spannungen
vorh(N/mm2)
tauk*2= 836

ENDE→ P0
```

Fig. 4
Musterlösung 1
(auch für
DRF 1).

```
Druckfeder
F*1(N): ?
            0.
F*2(N): ?
           40.
Delta f/f*2
           25.
D*a(mm) ?
           12.
G(N/mm2):?
       83000.
t,zul: ?
         900.
d:1.132 EXE
d*NORM EXE
          1.1
i*f:7.5
f*2:25mm
L*Bl:10mm
L*o:37.5mm

Spannungen
vorh(N/mm2)
tauk*2= 948

ENDE→ P0
```

Fig. 5
Musterlösung 2.

```
Druckfeder
F*1(N): ?
           40.
F*2(N): ?
           46.
Delta f/f*2
            6.
D*a(mm) ?
           12.
G(N/mm2):?
       83000.
t,zul: ?
         950.
d:1.167 EXE
d*NORM EXE
         1.25
i*f:20.5
f*2:46mm
L*Bl:28mm
L*o:81.7mm

Spannungen
vorh(N/mm2)
tauk*2= 747
tauk*1= 650
tauk*h= 97

ENDE→ P0
```

Fig. 6
Musterlösung 3.

```
Druckfeder
F*1(N): ?
          2.6
F*2(N): ?
            3.
Delta f/f*2
            6.
D*a(mm) ?
            4.
G(N/mm2):?
       83000.
t,zul: ?
        1000.
D*a(mm) ?
            3.
G(N/mm2):?
G(N/mm2):?
t,zul: ?
t,zul: ?
d:0.291 EXE
d*NORM EXE
          0.3
i*f:64.5
f*2:45mm
L*Bl:20mm
L*o:70.8mm

Spannungen
vorh(N/mm2)
tauk*2= 879
tauk*1= 762
tauk*h= 117

ENDE→ P0
```

Fig. 7
Musterlösung 4.

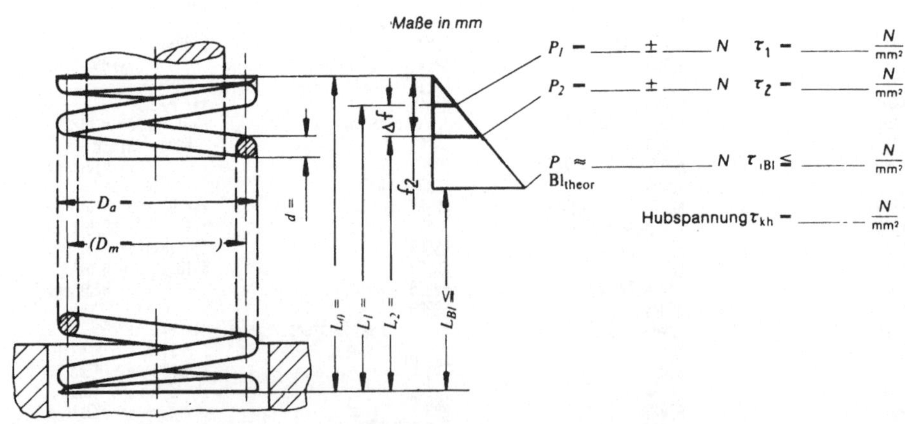

Fig. 8 Rechenformular (Ausschnitt) u. Bezeichnungen.

Literatur

[1] DIN 2089 Bl.1, Zylindrische Schraubenfedern aus runden Drähten und Stäben, Berechnung und Konstruktion v. Druckfedern.

[2] DIN 2095, Zylindrische Schraubenfedern aus runden Drähten, Gütevorschriften für kaltgeformte Federn.

[3] DIN 2098 Bl.1 und Bl.2, Zylindrische Schraubenfedern aus runden Drähten, Baugrößen ab .5 mm/ unter .5 mm.

[4] DIN 2099 Bl.1, Zylindrische Schraubenfedern aus runden Drähten und Stäben, Angaben für Druckfedern, Vordruck.

[5] DIN 17 223 Bl.1 und Bl.2, Runder Federstahldraht, Gütevorschriften.

[6] Tochtermann/Bodenstein, Konstruktionselemente des Maschinenbaus, Teil 1 , Springer-Verlag Bln. Hdbg. New York 1979 S.18o b. 2o2. (Als Beispiel für viele andere Maschinenelementebücher).

zu [1] bis [5]: Maßgebend ist jeweils die neueste Ausgabe der Normen, erhältlich beim BEUTH-VERTRIEB GmbH Bln.,Köln,Ffm.

Räderkurbelgetriebe, FX-602 P

von Peter Dahms

Das Räderkurbelgetriebe besteht aus der Kombination einer Viergelenk-Kurbelschwinge mit drei Zahnrädern. Es wird deshalb auch als Drei-Räder-Getriebe bezeichnet. Es ermöglicht die relativ einfache Umwandlung einer gleichförmigen Antriebsbewegung in eine Abtriebsbewegung mit ungleichförmigem Abtriebswinkel, in eine Abtriebsbewegung mit angenäherter Rast oder in eine Abtriebsbewegung mit einer Pilgerschrittbewegung, d.h. mit zeitweisem Rücklauf.

Diese Art von Getrieben wird oftmals in der Verpackungs-, Papier- oder Textilmaschinen-Konstruktion benötigt. Über das Gebiet der Räderkurbelgetriebe gibt es seit Jahrzehnten umfangreiche Untersuchungen und Veröffentlichungen, einen kleinen Ausschnitt zeigen die Literaturhinweise.

Das folgende Programm dient der Optimierung von Getrieben obiger Art für den Abtrieb im Pilgerschritt oder mit angenäherter Rast. Um praktisch verwertbare Getriebe zu erhalten wird das Programm in den folgenden Grenzen verwendet :

- Für die Kurbellänge l_2 soll ein Wert zwischen .15 und .5 gewählt werden,
- die maximale Rückdrehung liegt im Bereich von 0° bis etwa $120^\circ (\chi_p)$,
- diese Rückdrehung liegt in einem maximalem Antriebswinkelbereich von 0° bis etwa 135° (φ_p),
- die Schwingenlänge $l_3 = l_4$ hat Werte zwischen .7o72 und .82,
- die Gestellänge l_1 wird 1 gesetzt.

Die Gestellänge als Konstante Größe eins ermöglicht die Umrechnung der Ergebnisse über einen konstanten Faktor, linear auf realistische Größen und damit auch die Anpassung an ganzzahlige Zähnezahlen für die Zahnräder $r_3 = r_6$ sowie dem Zwischenrad r_5. Geeignete Anfangswerte können auch aus den Kurven der Literatur [1] [5] entnommen werden.

Als Hardware für dieses Programm sind der Taschenrechner CASIO FX 602 P, der Drucker FP-10 und für die Aufzeichnung und zum Einlesen, der Adapter FA 1 und ein geeigneter Kassetten-Rekorder erforderlich.

Nach dem Einlesen bzw. dem Eintippen des Programms und dem Anschluß des Druckers kann das Programm durch Drücken der Taste PO gestartet werden. Es wird die Eingabe des gewünschten Kurbelradius l_2 und des Antriebswinkels φ_p, über den die Rast oder die Rückdrehung erfolgen soll gefordert. Nach der Eingabe und Drücken von EXE erfolgt der Ausdruck der berechneten Konstruktionswerte und die Größe der Rückdrehung. Eine angenäherte Rast heißt immer, daß ein sehr kleiner Rückdrehwinkel verbleibt.

Der Rechner fragt nun, ob die Ausgangswerte noch einmal neu eingelesen werden sollen, wenn die Rückdrehung z.B. nicht ausreichend ist, in diesem Falle GOTO 0 drücken, sonst EXE drücken.

Der Rechner erwartet nun eine Anpassung d.h. Neueingabe der Schwingen- und der Koppellänge $l_3 = l_4$ um z.B. ganzzahlige Zähnezahlen zu erhalten. Die Eingabe des Wertes und drücken von EXE veranlaßt den Rechner, die endgültigen Werte zu errechnen und anschließend auszudrucken. Danach erfolgt der Ausdruck einer vereinfachten Übertragungskurve für einen Antriebswinkel von 90° bis 360° um den Vergleich zwischen verschiedenen Getrieben zu ermöglichen.

Als Abschluß listet der Drucker tabellarisch, die Übertragung eines vollen Antriebszyklusses von 0° bis 360°, in Schritten von 18° und den zugehörigen Abtriebswinkel auf.

Da die Kapazitaet des Rechners mit diesem Programm voll ausgelastet ist, kann bei Behalt der Konstruktionswerte im Datenspeicher, ein weiteres Programm eingelesen werden, um z.B. die Werte für maximale Geschwindigkeit und Beschleunigung zu errechnen und als Daten oder als Kurve auszudrucken. Die erforderlichen Formeln dafür finden sich in der angegebenen Literatur.

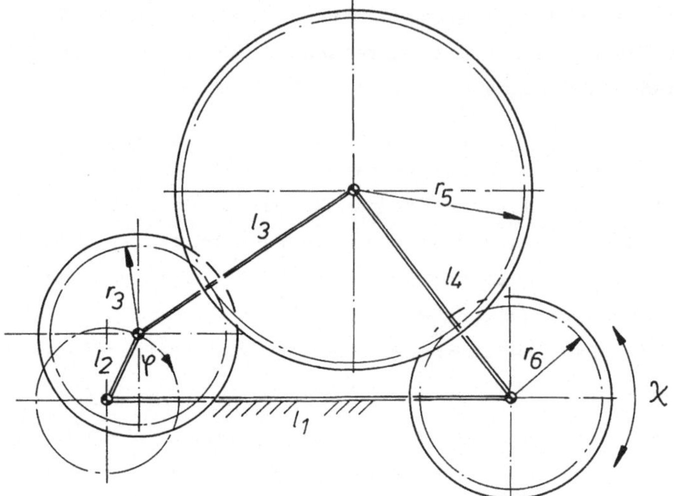

Fig. 1 Räderkurbelgetriebe

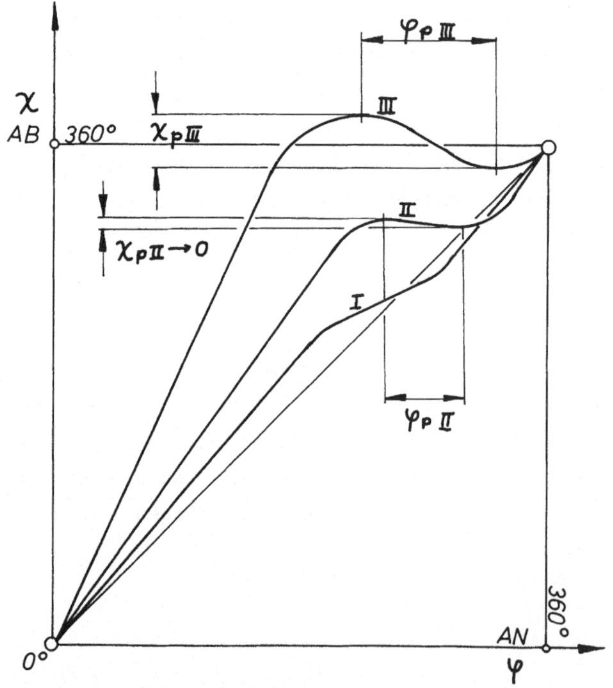

Fig. 2 Übertragungskurven

I. Ungleichförmiger Abtrieb,

II. Abtrieb mit Rast,

III. Abtrieb mit Pilgerschritt.

```
PROGRAM LIST
M00-19,F-1F 512steps

*** P0
"RAD*KUR"
GSBP2
"***"
GSBP2
MAC
LBL0
"1*2="
HLT Min01
";#"
GSBP2
"Phi*p="
HLT Min04
";#"
GSBP2
" "
GSBP2
GSBP3
"1*3/4=#"
GSBP2
GSBP1
"r*3/6=#"
GSBP2
GSBP4
"Chi*p=#"
GSBP2
" "
GSBP2
"NEU?→GOTO0"
HLT
"1*3/4="
HLT Min02
";#"
GSBP2
( MR02 x^2 x 2 - 1 )
√ = Min01 FIX4
"1*2=#"
GSBP2
GSBP1
"r*3/6=#"
GSBP2
GSBP5
"Phi*p=#"
GSBP2
GSBP4
"Chi*p=#"
GSBP2
" "
GSBP2
90 Min18
LBL2
GSBP6
- 120 = x .063 = INT
MinF
GSBP8
378 - MR18 = x=0
GOTO3
18 M+18 GOTO2
LBL3
0 Min18
LBL4
GSBP6
FIX2
" AR18 /#"
GSBP2
18 M+18
MR18 - 378 = x=0
GOTO5
GOTO4
LBL5
                ...231steps

*** P1
( MR01 x^2 Min14 + 1
) x ( MR04 cos Min15
+ 1 ) ÷ ( 1 + MR14
x^2 + MR14 x 2 x MR15
) = √ x MR01 = Min03
FIX4
                ...037steps

*** P2
SAVE invEXE
                ...003steps

*** P3
( ( MR01 x^2 + 1 ) ÷
2 ) √ = Min02 FIX4
                ...016steps

*** P4
MR01 x^2 + 1 = Min12
x 2 = √ ÷ MR03 x (
MR01 x 2 ÷ MR12 x (
MR04 ÷ 2 ) sin )
sin^-1 - MR04 = Min05
FIX4
                ...035steps

*** P5
( MR03 x^2 x ( 1 +
MR01 x^2 x^2 ) - MR01
x^2 x ( 1 + MR01 x^2 )
) ÷ ( MR01 x^2 x ( 2
x MR03 x^2 + ( 1 +
MR01 x^2 ) ) ) = cos^-1
Min04 FIX4
                ...047steps

*** P6
( ( MR01 ÷ MR02 x^2 )
sin^-1 - ( MR01 ÷ MR02
x^2 x MR18 cos ) sin^-1
) x MR02 ÷ MR03 +
MR18 =
                ...028steps

*** P8
x=0 GOTO0
10 x=F GOTO1
GOTO2
LBL0
"*"
GSBP2
GOTO3
LBL1
"            *"
GSBP2
GOTO3
LBL2
GSBP9
LBL3
                ...033steps

*** P9
" "
MRF Min00
10 x≥F GOTO0
";               "
MRF - 10 = Min00
LBL0
IND GOTO0
LBL9
"; "
LBL8
"; "
LBL7
"; "
LBL6
"; "
LBL5
"; "
LBL4
"; "
LBL3
"; "
LBL2
"; "
LBL1
";*"
GSBP2
                ...078steps
```

Fig. 3 Befehlsliste

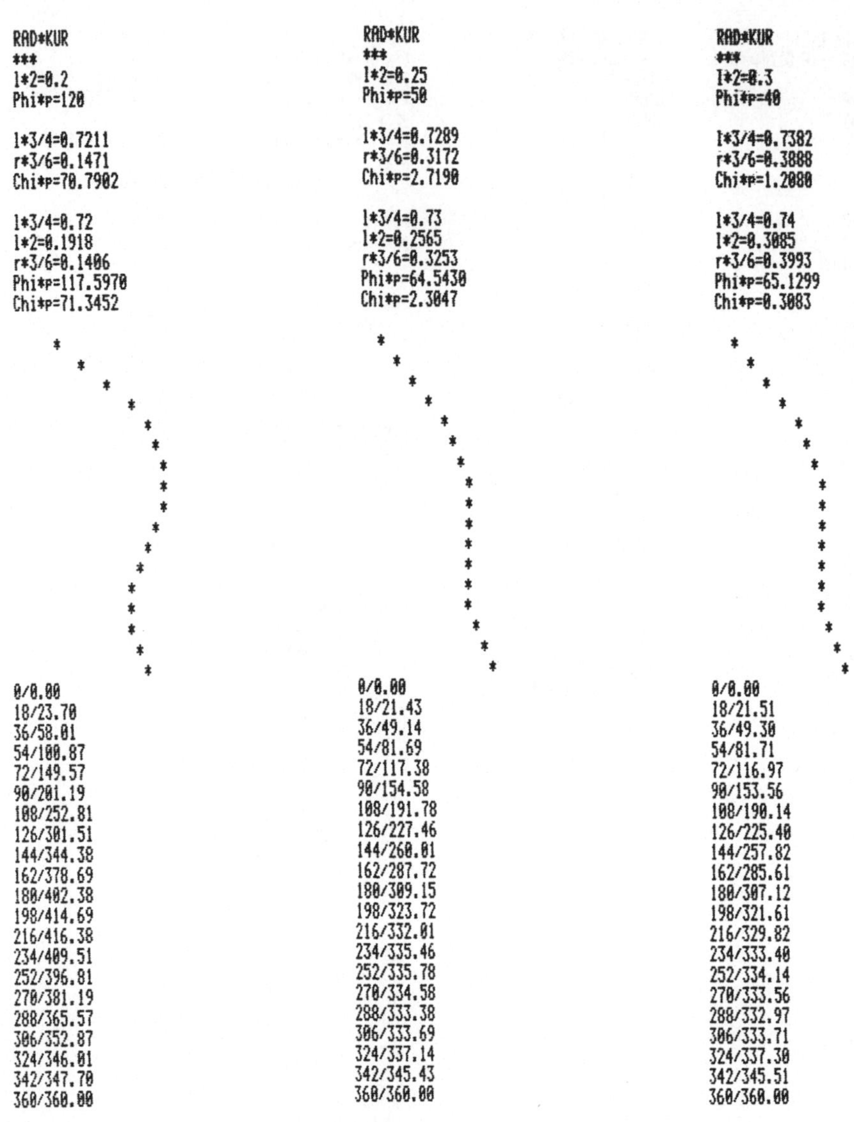

RAD*KUR
***
l*2=0.2
Phi*p=120

l*3/4=0.7211
r*3/6=0.1471
Chi*p=70.7902

l*3/4=0.72
l*2=0.1918
r*3/6=0.1406
Phi*p=117.5970
Chi*p=71.3452

0/0.00
18/23.70
36/58.01
54/100.87
72/149.57
90/201.19
108/252.81
126/301.51
144/344.38
162/378.69
180/402.38
198/414.69
216/416.38
234/409.51
252/396.81
270/381.19
288/365.57
306/352.87
324/346.01
342/347.70
360/360.00

RAD*KUR
***
l*2=0.25
Phi*p=50

l*3/4=0.7289
r*3/6=0.3172
Chi*p=2.7190

l*3/4=0.73
l*2=0.2565
r*3/6=0.3253
Phi*p=64.5430
Chi*p=2.3047

0/0.00
18/21.43
36/49.14
54/81.69
72/117.38
90/154.58
108/191.78
126/227.46
144/260.01
162/287.72
180/309.15
198/323.72
216/332.01
234/335.46
252/335.78
270/334.58
288/333.38
306/333.69
324/337.14
342/345.43
360/360.00

RAD*KUR
***
l*2=0.3
Phi*p=40

l*3/4=0.7382
r*3/6=0.3888
Chi*p=1.2080

l*3/4=0.74
l*2=0.3085
r*3/6=0.3993
Phi*p=65.1299
Chi*p=0.3083

0/0.00
18/21.51
36/49.30
54/81.71
72/116.97
90/153.56
108/190.14
126/225.40
144/257.82
162/285.61
180/307.12
198/321.61
216/329.82
234/333.40
252/334.14
270/333.56
288/332.97
306/333.71
324/337.30
342/345.51
360/360.00

Fig. 4 Ausdruck der Kontrollwerte

Literatur

[1] Berechnung von Räderkurbelgetrieben, TGL 8959, Bl.4 10.61 (DDR)

[2] Hain, K. ;Relativ-Winkelbeschleunigungen in Gelenkgetrieben und in Räderkurbelgetrieben. Werkst.+Betr. 105(1972)2, S.91/96.

[3] Autorenkollektiv, Hrsgb.Vollmer, J. ;Getriebetechnik, Lehrbuch; VEB Verlag Technik, Berlin(Ost), 2.Aufl.1972, S. 182 ff.

[4] Autorenkollektiv, Hrsgb.Vollmer, J. ;Getriebetechn., Koppelgetr.; VEB Verlag Technik, Berlin(Ost), 1.Aufl.1979, S. 335 ff.

[5] Lohse, P. ;Getriebesynthese; Springer Verlag 1975, S. 160 ff.

[6] Knechtel, P. ;Die Bewegungsverhältnisse in Dreirädergetrieben, Reuleaux-Mitteilungen Band 4 (1936) 4, S. 217/219.

Es werden folgende Formeln aus [4] verwendet :

$$r_3 = r_6 = l_2 \sqrt{(1+l_2^2)\ (1+\cos\varphi_p)\ /\ (1+l_2^4+2l_2^2\ \cos\varphi_p)} \qquad (1)$$

$$l_3 = l_4 = \sqrt{(l_2^2+1)\ /\ 2} \qquad (2)$$

$$r_5 = l_3 - r_3 = l_4 - r_6 \qquad (3)$$

$$\chi_p = (\sqrt{2(1+l_2^2)}\ /\ r_3)\ \mathrm{arc\ sin}\ ((2l_2/(1+l_2^2)(\sin\varphi_p/2)))-\varphi_p \qquad (4)$$

$$l_2 = \sqrt{2\ l_3^2 - 1} \qquad (5)$$

$$\varphi_p = \mathrm{arc\ cos}((r_3^2(1+l_2^4) - l_2^2(1+l_2^2))/(l_2^2(2r_3^2+(1+l_2^2)))) \qquad (6)$$

$$\chi(\varphi) = \varphi + (l_3\ /\ r_3)\ (\ \mathrm{arc\ sin}\ (l_2/\ l_3^2) - \mathrm{arc\ sin}(l_2\ \cos\varphi/\ l_3^2)) \qquad (7)$$

Koppelkurve, FX–602 P

von Peter Dahms

Dieses Programm dient der ANALYSE eines gegebenen Getriebes , in der Art einer voll umlauffähigen Kurbelschwinge. Es berechnet die Koordinaten der Bahn eines Koppelpunktes dieser Kurbelschwinge. Um der Kurbel einen vollen Umlauf zu ermöglichen, müssen die Glieder des Getriebes die GRASHOFsche Bedingung erfüllen, d.h. :
-Die Summe der Längen des längsten und des kürzesten Gliedes muß
-kleiner sein als die Summe der Längen der beiden anderen Glieder.
Für unseren Fall wählen wir l_1 als Kurbellänge und kürzestes Glied und l_2 oder l_3 als längstes Glied. Bei nicht umlauffähigen Kurbeln sind deren Umkehrlagen die Grenzwerte des Antriebswinkels. Bei Ge-

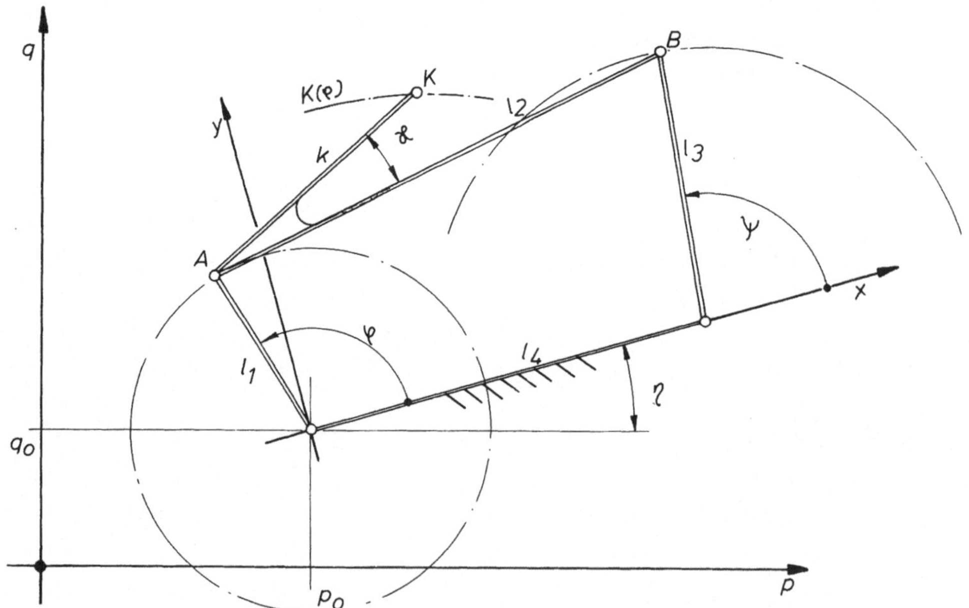

Fig. 1 Kurbelschwinge, gewählte Bezeichnungen

trieben mit Schubgelenken können in vielen Fällen sehr große Gliedlängen ersatzweise in die Berechnung eingegeben werden um damit diese Schubgelenke zu simulieren.

Als Hardwarekonfiguration sind erforderlich : der programmierbare Taschenrechner CASIO FX 602 P, ein Drucker CASIO FP-10, der Adapter FA - 1 oder FA - 2 und ein geeignetes Kassettengerät wie z.B. PHILIPS D 6600 oder ein baugleiches. Steht kein Drucker zu Verfügung, so ist das Unterprogramm P4 anstatt mit "(inv)SAVE inv EXE" nur mit "PAUSE" zu programmieren.

Nach Einlesen oder Eintippen des Programmes kann mit der Taste P0 gestartet werden. Der Rechner fordert nun durch die Anzeige die erforderlichen Vorgabewerte und druckt sie nach der EINGABE und EXE auf dem Druckstreifen aus. Nach dem Abschluß der EINGABE berechnet der Rechner, bezogen auf den Antriebswinkel, den Schwingenwinkel und die Koordinaten des Koppelpunktes. Diese Werte werden zusammen mit dem Antriebswinkel, mit der gewählten Schrittweite, von dem gewählten Anfangswinkel an, auf dem Druckstreifen ausgedruckt. Zum Stoppen des Ausdrucks ist "AC" zu drücken.

Die in F i g. 2 dargestellte Speicherbelegung soll nur eine Hilfe bei der Modifikation des Programms sein, nach dem Start werden die Speicher selbständig vom Programm belegt.

S P E I C H E R B E L E G U N G			
M 00	φ_n === === === === ===	M 10	$\Delta\varphi$ === === === === ===
M 01	l_1 === === === === ===	M 11	k === === === === ===
M 02	l_2 === === === === ===	M 12	$\varkappa$ === === === === ===
M 03	l_3 === === === === ===	M 13	.. sinz == === === == ψ_t
M 04	l_4 === === === === ===	M 14	.. cos z = === === == $\overline{\psi}_t$
M 05	... f === === === ===	M 15	.. .. ψ_s
M 06	... ...	M 16	.. .. $\overline{\psi}_s$
M 07	p_o === === === === ===	M 17	.. .. x_k
M 08	q_o === === === === ===	M 18	.. .. y_k
M 09	η === === === === ===	M 19	.. ..
M F	... l_4 l_1 l_3 l_2 ===	M 1F	.. l_1 l_4 l_2 l_3 === ===
für z =	ψ_s $\overline{\psi}_s$ ψ_t $\overline{\psi}_t$ ===	für z =	ψ_s $\overline{\psi}_s$ ψ_t $\overline{\psi}_t$ === ===

U N T E R P R O G R A M M E		
P0	"START"	Hauptprogramm.
P1	" EIN "	Eingabe im Dialog.
P2	" AUS "	Druckausgabe (mit P9).
P3	" QUA "	Quadrantenbestimmung für ψ_s und ψ_s.
P4	"PRINT"	Druckersteuerung (ohne Drucker nur PAUSE)
P5	" SIN "	Sinusberechnung.
P6	" COS "	Cosinusberechnung.
P7	" F "	Berechnung von f.
P8	" X; Y"	Berechnung von x_k; y_k .
P9	" AUS "	Ausgabe von p_k; q_k mit P2.

Fig. 2 Plan der Speicherbelegung und der Unterprogramme

```
PROGRAM LIST
M00-19,F-1F 512steps

*** P0
"KOP*KUR*4 G"
GSBP4
"*****"
GSBP4
MAC
GSBP1
LBL0
GSBP7
MR04 MinF
MR01 Min1F
GSBP5
GSBP6
GSBP3
Min15
MR01 MinF
MR04 Min1F
GSBP5
GSBP6
GSBP3
Min16
MR03 MinF
MR02 Min1F
GSBP6
cos-1 Min13
MR02 MinF
MR03 Min1F
GSBP6
cos-1 Min14
GSBP8
GSBP2
MR00 + MR10 = Min00
GOTO0
              ...065steps
```

```
*** P1
"l*1="
HLT Min01
"; #"
GSBP4
"l*2="
HLT Min02
"; #"
GSBP4
"l*3="
HLT Min03
"; #"
GSBP4
"l*4="
HLT Min04
"; #"
GSBP4
" "
GSBP4
"p*o="
HLT Min07
"; #"
GSBP4
"q*o="
HLT Min08
"; #"
GSBP4
"eta="
HLT Min09
"; #"
GSBP4
" "
GSBP4
"k ="
HLT Min11
"; #"
GSBP4
"kappa ="
HLT Min12
"; #"
GSBP4
" "
GSBP4
"phi*a="
HLT Min00
";  #"
GSBP4
"delta*phi="
HLT Min10
"; #"
GSBP4
"*****"
GSBP4
              ...187steps
```

```
*** P2
" "
GSBP4
"..phi  AR00  o.....
.."
GSBP4
180 - MR15 - MR13 =
x≥0 GOTO0
+ 360 =
LBL0
FIX2
"psi(phi)=  # o"
GSBP4
GSBP9
              ...060steps

*** P3
MR13 x≥0 GOTO4
GOTO5
LBL4
MR14 x≥0 GOTO0
GOTO1
LBL5
MR14 x≥0 GOTO2
GOTO1
LBL0
MR13 sin-1 Min13
GOTO6
LBL1
MR13 sin-1 +/- + 180
= Min13 GOTO6
LBL2
MR13 sin-1 + 360 =
Min13 GOTO6
LBL6
              ...042steps

*** P4
SAVE invEXE
              ...003steps

*** P5
MR1F x MR00 sin ÷
MR05 = Min13
              ...009steps

*** P6
( MRF x² + MR05 x² -
MR1F x² ) ÷ ( 2 x
MRF x MR05 ) = Min14
              ...021steps
```

```
*** P7
( MR01 x² + MR04 x²
- 2 x MR01 x MR04 x
MR00 cos ) √ = Min05
              ...020steps

*** P8
MR01 x MR00 cos - (
MR11 x ( MR00 + MR16
+ MR14 + MR12 ) cos
) = Min17
MR01 x MR00 sin - (
MR11 x ( MR00 + MR16
+ MR14 + MR12 ) sin
) = Min18
              ...043steps

*** P9
MR07 + MR17 x MR09
cos - MR18 x MR09
sin = FIX2
"  p*k= #"
GSBP4
MR08 + MR17 x MR09
sin + MR18 x MR09
cos = FIX2
"  q*k= #"
GSBP4
              ...053steps
```

Fig. 3 Anweisungsliste

```
KOP*KUR*4 6
*****
l*1= 2
l*2= 5.5
l*3= 3
l*4= 4.5

p*o= 3
q*o= 1.5
eta= 15

k = 3
kappa = 15

phi*a=  0
delta*phi= 30
*****

..phi 0 o.......
psi(phi)=  0.00 o
   p*k= 7.53
   q*k= 3.52

..phi 30 o.......
psi(phi)=  24.67 o
   p*k= 6.94
   q*k= 4.53

..phi 60 o.......
psi(phi)=  48.83 o
   p*k= 5.96
   q*k= 5.17

..phi 90 o.......
psi(phi)=  71.87 o
   p*k= 4.82
   q*k= 5.32

..phi 120 o.......
psi(phi)=  92.81 o
   p*k= 3.77
   q*k= 4.97

..phi 150 o.......
psi(phi)=  110.28 o
   p*k= 3.03
   q*k= 4.29

..phi 180 o.......
psi(phi)=  122.58 o
   p*k= 2.69
   q*k= 3.51

..phi 210 o.......
psi(phi)=  128.51 o
   p*k= 2.73
   q*k= 2.86

..phi 240 o.......
psi(phi)=  127.77 o
   p*k= 3.09
   q*k= 2.51

..phi 270 o.......
psi(phi)=  119.79 o
   p*k= 3.68
   q*k= 2.56

..phi 300 o.......
psi(phi)=  101.49 o
   p*k= 4.51
   q*k= 3.08

..phi 330 o.......
psi(phi)=  64.39 o
   p*k= 5.84
   q*k= 3.84

..phi 360 o.......
psi(phi)=  0.00 o
   p*k= 7.53
   q*k= 3.52

..phi 390 o.......
psi(phi)=  24.67 o
   p*k= 6.94
   q*k= 4.53
```

Fig. 4 Ausgedruckte Kontrollwerte

Literatur

[1] Dittrich, Günter :
Getriebetechnik in Beispielen, Oldenburg-Verlag, München 1978.

Es werden folgende Formeln aus [1] verwendet :

$$f = \sqrt{l_1^2 + l_4^2 - 2\, l_1 l_4 \cos\varphi} \qquad (1)$$

$$\cos z = (l_x^2 + f^2 - l_y^2) / (2\, l_x f) \qquad (2)$$

$$\sin z = (l_y \sin\varphi) / f \qquad (3)$$

z =	ψ_s;	$\overline{\psi}_s$;	ψ_t;	$\overline{\psi}_t$;
x =	4	1	3	2
y =	1	4	2	3

(4)

$$\psi(\varphi) = 180 - \psi_s - \psi_t \qquad (5)$$

$$x_k(\varphi) = l_1 \cos\varphi - k \cos(\varphi + \overline{\psi}_s + \overline{\psi}_t + \varkappa) \qquad (6)$$

$$y_k(\varphi) = l_1 \sin\varphi - k \sin(\varphi + \overline{\psi}_s + \overline{\psi}_t + \varkappa) \qquad (7)$$

$$p_k(\varphi) = p_o + x_k \cos\eta - y_k \sin\eta \qquad (8)$$

$$q_k(\varphi) = q_o + x_k \sin\eta + y_k \cos\eta \qquad (9)$$

Berechnung des Optimalen Platten- und Rippenabstandes bei freier Konvektion in Luft, FX–502 P

von G. Eckerle

1. ALLGEMEINES

Bei vielen Maschinen entsteht Wärme, die über Rippen - also über "parallele Platten" - an die Umgebung abgeführt werden muß. Andererseits wird auch Wärme ganz gezielt über parallele Platten an die Umgebung abgegeben, wie z.B. bei der Raumheizung. Aber ganz besonders bei der Wärmepumpe ist darauf zu achten, daß die Wärme bei sehr kleinen Temperaturdifferenzen übertragen wird.

Das hier vorliegende Rechenprogramm soll dem Konstrukteur eine Möglichkeit in die Hand geben, schnell, leicht und überschlägig die nötigen Konstruktionsabmessungen zu ermitteln.

In ruhender Luft läßt sich bei vorgegebener (mittlerer) Übertemperatur (ca. 10 K bis 100 K), vorgegebener Rippendicke und Rippenhöhe der optimale lichte Rippenabstand bzw. Plattenabstand berechnen.

2. LÖSUNGSWEG

Die Berechnung geht auf Elenbaas [1] zurück und lautet gemäß Bild 1

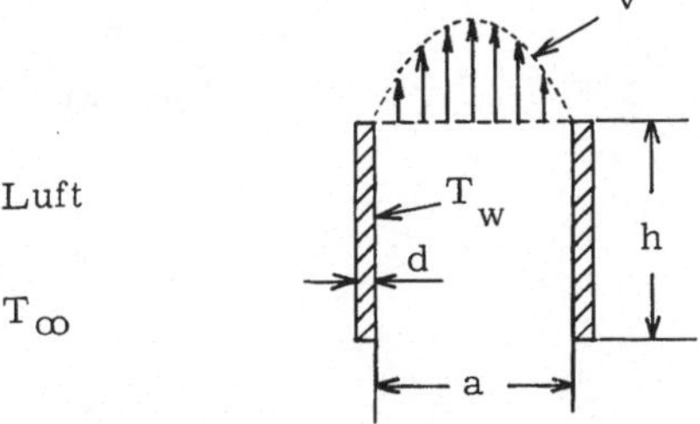

Bild 1

Anordnung und Abmessungen der Platten, die eine Oberflächentemperatur T_w besitzen, eine Umgebungstemperatur T_∞ und das Geschwindigkeitsprofil v

Optimaler lichter Plattenabstand a

$$a_{opt} = 0,3\,d + \sqrt[4]{\frac{63 \cdot h \cdot \eta_w^2 \cdot T_\infty}{g \cdot \varrho_w^2 \cdot (T_w - T_\infty)}} \quad \text{in m} \qquad (1)$$

mit				
	d	Plattendicke	in	m
	h	Plattenhöhe		m (0, 01 ... 1 m)
	g	Fallbeschleunigung		m/s^2
	ϱ	Dichte der Luft		kg/m^3
	η	dynamische Zähigkeit		kg/(m·s)
	ν	kinematische Zähigkeit		m^2/s
	T	Temperatur		K
		(= Temperatur in °C + 273, 15 K)		

Indizes:
- opt = optimal
- w = bezogen auf die Platten (Wand)oberflächentemperatur
- ∞ = bezogen auf die Umgebung, genügend weit weg von den Platten
- o = bezogen auf 273, 15K bzw. 0°C

Die Stoffwerte müssen hierbei auf die Temperatur T_w bezogen werden. Die Stoffwerte η_w und ϱ_w lassen sich leicht computergerecht als Funktion von T_w darstellen, z.B.:

$$\eta_w = \eta_o \left(\frac{T_w}{T_o}\right)^n = 17,1 \cdot 10^{-6} \left(\frac{T_w}{273,15}\right)^{0,76} \qquad (2)$$

$$\varrho_w = \frac{348,23}{T_w} \qquad (3)$$

$$\nu_w = \frac{\eta_w}{\varrho_w} = \frac{17,1 \cdot 10^{-6} \cdot T_w^{0,76} \cdot T_w}{(273,15)^{0,76} \cdot 348,28} = 6,91 \cdot 10^{-10} \cdot T_w^{1,76} \qquad (4)$$

$$\nu_w^2 = 4,77 \cdot 10^{-19} \cdot T_w^{3,52} \qquad (5)$$

$$a_{opt} = 0,3 \cdot d + 4,2 \cdot 10^{-5} \cdot \sqrt[4]{\frac{h \cdot T_{\infty}^{3,52} \cdot T_w}{T_w - T_{\infty}}} \qquad (6)$$

3. <u>RECHENVORGANG:</u> (für Casio FX-502 P)

3.1 <u>Rechenvorbereitung:</u> Eingabe der Werte T_{∞} und d

		Anzeige:
P0		0
T_{∞} in K	EXE	0
d in m	EXE	0

3.2 <u>Eigentlicher Rechenvorgang</u> für verschiedene h und $(T_w - T_{\infty})$

P1		0
h in m	EXE	0
$(T_w - T_{\infty})$ in K	EXE (in ca. 2 s) :	a_{opt} in m

4. <u>BEISPIEL:</u>

1. Umgebungstemperatur = $20^{\circ}C$ + 273,15K = 293,15 K = T_{∞}
   Plattendicke = 1 mm = 0,001 m = d

2. Plattenhöhe = 200 mm = 0,2 m = h
   Übertemperatur 10 K = $T_w - T_{\infty}$ (10 K ... 100 K)
   20 K
   50 K
   100 K

P0		0
293,15	EXE	0
0,001	EXE	0
P1		0
0,2	EXE	0
10	EXE	a_{opt} = 0,01 in m
20	EXE	$8,9 \cdot 10^{-3}$
50	EXE	$7,7 \cdot 10^{-3}$
100	EXE	$7,4 \cdot 10^{-3}$
(usw.)		
MR 6		$7,354894933 \cdot 10^{-3}$

5. PROGRAMMLISTING:

Nr.	Eingabe	Anzeige		Anmerkungen
001	P0	P0.	204	Eingabe der Allgemeindaten
002	0	P0.	00 001	Nullanzeige
003	HLT	P0.	FP 002	Eingabe: T_∞
004	Min 1	P0.	C6-01 003	Speichern: T_∞
005	0	P0.	00 004	
006	HLT	P0.	FP 005	Eingabe: d
007	Min 2	P0.	C6-02 006	Speichern: d
008	0	P0.	00 007	
009	P1	P1.	204	Berechnen: a_{opt}
010	0	P1.	00 001	Nullanzeige
011	HLT	P1.	FP 002	Eingabe: h
012	Min 3	P1.	C6-03 003	Speichern h
013	0	P1.	00 004	Nullanzeige
014	LBL 0	P1.	F0-00 005	
015	HLT	P1.	FP 006	Eingabe: $T_w - T_\infty$ Anzeige: a_{opt} ⁎
016	Min 4	P1.	C6-04 007	Speichern: $T_w - T_\infty$
017	+	P1.	E3 008	Berechnen: T_w (017–019)
018	MR 1	P1.	C7-01 009	
019	=	P1.	E5 010	
020	Min 5	P1.	C6-05 011	Speichern: T_w
021	INV x^y	P1.	FF-E1 012	Berechnen: $T_w^{3,52}$ (021–025)
022	3	P1.	03 013	
023	,	P1.	EP 014	
024	5	P1.	05 015	
025	2	P1.	02 016	
026	x	P1.	E1 017	
027	MR 1	P1.	C7-01 018	
028	x	P1.	E1 019	

⁎ Durch: "MR 6" wird a_{opt} mit 10 Stellen angezeigt.

029	MR 3	P1.	C7-03 020	
030	:	P1.	E2 021	Berechnen des
031	MR 4	P1.	C7-04 022	Radikanten
032	=	P1.	E5 023	
033	INV $x^{1/y}$	P1.	FF-E2 024	Berechnen:
034	4	P1.	04 025	4. Wurzel
035	=	P1.	E5 026	
036	x	P1.	E1 027	
037	4	P1.	04 028	Berechnen: Wurzelvor-
038	,	P1.	EP 029	zahl und Multiplikation
039	2	P1.	02 030	mit der Wurzel
040	EXP	P1.	EE 031	
041	5	P1.	05 032	
042	+/-	P1.	CC 033	
043	+	P1.	E3 034	
044	,	P1.	EP 035	
045	3	P1.	03 036	Berechnen: 0, 3 · d
046	x	P1.	E1 037	und Addition
047	MR 2	P1.	C7-02 038	
048	=	P1.	E 5 039	
049	Min 6	P1.	C6-06 040	Speichern: a_{opt} (10 St.)
050	INV RND 2	P1.	FF-00-02 041	Runden auf 2 Stellen
051	=	P1.	E5 042	
052	GOTO 0	P1.	F1-00 043	

6. ANMERKUNG:

Die Eingaben und Ausgaben der Längenmaße sind bewußt nur in "m" programmiert, damit alle Längeneinheiten im gleichen Maßstab angegeben sind. Eingaben von d und h sowie Ausgaben von a_{opt} lassen sich selbstverständlich auch in "mm" eingeben bzw. ausgeben, wenn das Programm entsprechend programmiert wird. Ebenso läßt sich das Programm auch leicht so umstellen, daß die Temperatur T_{∞} auch in ^{o}C eingegeben werden kann.

7. LITERATUR

[1] W. Elenbaas, Physica 9 (1942), S. 1 ... 28

Berechnung des mittleren Wärmeübergangskoeffizienten bei freier Konvektion in Luft, FX–502 P

von G. Eckerle

1. LÖSUNGSWEG

Der mittlere Wärmeübergangskoeffizient α_m auf die Oberflächentemperatur T_w erwärmter paralleler senkrechter Platten der Höhe h in ruhender Luft der Temperatur T_∞ beträgt bei freier Konvektion und 1 bar Luftdruck nach Elenbaas [1] gemäß Bild 1

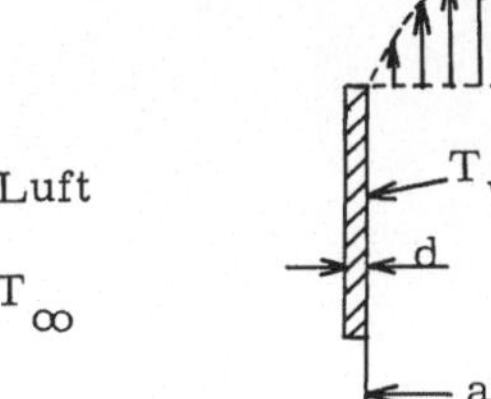

Bild 1
Anordnung und Abmessungen der Platten, die eine Oberflächentemperatur T_w besitzen, eine Umgebungstemperatur T_∞ und das Geschwindigkeitsprofil v

$$\alpha_m = \frac{\lambda_w}{24} \cdot \frac{Gr \cdot Pr}{h} \cdot \left(1 - \exp - \frac{35 \cdot h}{a \cdot Gr \cdot Pr} \right)^{3/4} \quad \text{in} \quad \frac{W}{m^2 \cdot K} \qquad (1)$$

mit Gr = Grashofzahl = $\dfrac{a^3 \cdot g \cdot (T_w - T_\infty)}{\nu_w^2 \cdot T_\infty}$

Pr = Prandtlzahl = $c_p \cdot \eta_w / \lambda_w$

h Plattenhöhe in m (0, 01 ... 1 m)

a lichter Plattenabstand in m

g Fallbeschleunigung in m/s^2

ϱ Dichte der Luft in kg/m^3

η dynamische Zähigkeit in $kg/(m \cdot s)$

ν	kinematische Zähigkeit in m^2/s
λ	Wärmeleitfähigkeitskoeffizient in $W/(m \cdot K)$
c_p	spezifische Wärmekapazität bei konstantem Druck in $kJ/(kg \cdot K)$
T	Temperatur in K

Indizes: w = bezogen auf die Platten(Wand) oberflächentemperatur

∞ = bezogen auf die Umgebung, genügend weit weg von den Platten

p = bei konstantem Druck

Die Stoffwerte müssen hierbei auf die Temperatur T_w bezogen werden. Die Stoffwerte η_w, ϱ_w, ν_w, λ_w und Pr lassen sich leicht computergerecht als Funktion von T_w darstellen, wie z.B.:

$$\eta_w = 2{,}406 \cdot 10^{-7} \cdot T_w^{0{,}76} \tag{2}$$

$$\varrho_w = 348{,}23/T_w \tag{3}$$

$$\nu_w = 6{,}91 \cdot 10^{-10} \cdot T_w^{1{,}76} \tag{4}$$

$$\lambda_w = 0{,}0020156 \cdot \frac{1 + 0{,}000194 \cdot T_w}{1 + 117/T_w} \sqrt{T_w} \tag{5}$$

$$Pr = 0{,}69 \tag{6}$$

$$Gr \cdot Pr = 1{,}4177 \cdot 10^{19} \cdot a^3 \cdot \frac{T_w/T_\infty - 1}{T_w^{3{,}52}} \tag{7}$$

und α_m wird:

$$\alpha_m = 1{,}25 \cdot 10^{15} \frac{a^3 \cdot (1 + 0{,}000194 \cdot T_w) \cdot (T_w/T_\infty - 1) \cdot \sqrt{T_w}}{h \cdot (1 + 117/T_w) \cdot T_w^{3{,}52}} \times \left[1 - \exp - \frac{2{,}4688 \cdot 10^{-18} \cdot h \cdot T_w^{3{,}52}}{a^4 \cdot (T_w/T_\infty - 1)} \right]^{3/4} \text{ in } \frac{W}{m^2 K} \tag{8}$$

2. RECHENVORGANG: (für Casio FX-502 P)

2.1 Rechenvorbereitung: Eingabe der Werte T_∞ und a

		Anzeige:
P 0		0
T_∞ in K	EXE	0
a in m	EXE	0

2.2 Eigentlicher Rechenvorgang für verschiedene h und $(T_w - T_\infty)$

P1		0
h in m	EXE	0
$(T_w - T_\infty)$ in K	EXE (in ca. 4, 5 s):	α_m in $\frac{W}{m^2K}$

3. BEISPIEL:

1. Umgebungstemperatur = 20^oC + 273, 15 K = 293, 15 K = T_∞

   lichter Plattenabstand = 10 mm = 0, 01 m = a

2. Plattenhöhe = 200 mm = 0, 2 m = h

   Übertemperatur 10 K = $T_w - T_\infty$ (10 K ... 100 K)

   20 K

   50 K

   100 K

P0			0
293, 15	EXE		0
0, 01	EXE		0
P1			0
0, 2	EXE		0
10	EXE	α_m =	3, 307 in $\frac{W}{m^2K}$
20	EXE		4, 412
50	EXE		5, 919
100	EXE		7, 089
(usw.)			
MR 6			7, 08940655

4. PROGRAMMLISTING

Nr.	Eingabe	Anzeige		
001	P0	P0.	136	Eingabe der Allg.-Daten
002	0	P0.	00 001	Nullanzeige
003	HLT	P0.	FP 002	Eingabe: T_{∞}
004	Min 1	P0.	C6-01 003	Speichern: T_{∞}
005	0	P0.	00 004	
006	HLT	P0.	FP 005	Eingabe: a
007	Min 2	P0.	C6-02 006	Speichern: a
008	0	P0.	00 007	
009	P1	P1.	136	Berechnen: α_m
010	0	P1.	00 001	Nullanzeige
011	HLT	P1.	FP 002	Eingabe: h
012	Min 3	P1.	C6-03 003	Speichern: h
013	0	P1.	. 00 004	
014	LBL 0	P1.	F0-00 005	
015	HLT	P1.	FP 006	Eingabe: $T_w - T_{\infty}$
				Anzeige: α_m^{x}
016	Min 4	P1.	C6-04 007	Speichern: $T_w - T_{\infty}$
017	+	P1.	E3 008	
018	MR 1	P1.	C7-01 009	Berechnen: T_w
019	=	P1.	E5 010	
020	Min 5	P1.	C6-05 011	Speichern: T_w
021	:	P1.	E2 012	
022	MR 1	P1.	C7-01 013	
023	-	P1.	E4 014	Berechnen: $\frac{T_w}{T_{\infty}} - 1$
024	1	P1.	01 015	
025	=	P1.	E5 016	
026	Min 10	P1.	C6-10 017	Speichern: $T_w/T_{\infty} - 1$
027	x	P1.	E1 018	
028	MR 2	P1.	C7-02 019	
029	INV x^y	P1.	FF-E1 020	
030	4	P1.	04 021	
031	=	P1.	E5 022	

032	INV 1/x	Pl.	FF-C8 023	
033	x	Pl.	E1 024	
034	MR 3	Pl.	C7-03 025	
035	x	Pl.	E1 026	
036	(	Pl.	C0 027	
037	MR 5	Pl.	C7-05 028	Berechnen: $T_w^{3,52}$
038	INV x^y	Pl.	FF-E1 029	
039	3	Pl.	03 030	
040	,	Pl.	EP 031	
041	5	Pl.	05 032	
042	2	Pl.	02 033	
043	)	Pl.	C1 034	
044	Min 11	Pl.	C6-11 035	Speichern: $T_w^{3,52}$
045	=	Pl.	E5 036	
046	x	Pl.	E1 037	
047	2	Pl.	02 038	
048	,	Pl.	EP 039	
049	4	Pl.	04 040	Berechnen der Hochzahl
050	6	Pl.	06 041	von e
051	8	Pl.	08 042	
052	8	Pl.	08 043	
053	EXP	Pl.	EE 044	
054	1	Pl.	01 045	
055	8	Pl.	08 046	
056	+/-	Pl.	CC 047	
057	=	Pl.	E5 048	
048	+/-	Pl.	CC 049	
059	INV e^x	Pl.	FF-F9 050	Berechnen: e^x
060	+/-	Pl.	CC 051	
061	+	Pl.	E3 052	
062	1	Pl.	01 053	Berechnen: $(1 - e^x)$
063	=	Pl.	E5 054	

064	INV x^y	P1.	FF-E1 055	
065	(	P1.	C0 056	
066	3	P1.	03 057	Berechnen: $(1 - e^x)^{3/4}$
067	:	P1.	E2 058	
068	4	P1.	04 059	
069	)	P1.	C1 060	
070	=	P1.	E5 061	
071	x	P1.	E1 062	
072	1	P1.	01 063	
073	,	P1.	EP 064	
074	2	P1.	02 065	
075	5	P1.	05 066	
076	EXP	P1.	EE 067	
077	1	P1.	01 068	
078	5	P1.	05 069	
079	x	P1.	E1 070	
080	MR 2	P1.	C7-02 071	
081	INV x^y	P1.	FF-E1 072	Berechnen: a^3
082	3	P1.	03 073	
083	x	P1.	E1 074	
084	(	P1.	C0 075	
085	1	P1.	01 076	
086	+	P1.	E3 077	
087	,	P1.	EP 078	
088	0	P1.	00 079	Berechnen:
089	0	P1.	00 080	$1 + 0{,}000194 \cdot T_w$
090	0	P1.	00 081	
091	1	P1.	01 082	
092	9	P1.	09 083	
093	4	P1.	04 084	
094	x	P1.	E1 085	
095	MR 5	P1.	C7-05 086	
096	)	P1.	C1 087	
097	x	P1.	E1 088	

098	MR 10	P1.	C7-10 089	$T_w/T_\infty - 1$
099	x	P1.	E1 090	
100	MR 5	P1.	C7-05 091	} $\sqrt{T_w}$
101	INV $\sqrt{\ }$	P1.	FF-C6 092	
102	:	P1.	E2 093	
103	MR 3	P1.	C7-03 094	
104	:	P1.	E2 095	
105	(	P1.	C0 096	} $(1 + 117/T_w)$
106	1	P1.	01 097	
107	+	P1.	E3 098	
108	1	P1.	01 099	
109	1	P1.	01 100	
110	7	P1.	07 101	
111	:	P1.	E2 102	
112	MR 5	P1.	C7-05 103	
113	)	P1.	C1 104	
114	:	P1.	E2 105	
115	MR 11	P1.	C7-11 106	$T_w^{3,52}$
116	=	P1.	E5 107	
117	Min 6	P1.	C6-06 108	Speichern: α_m (10 Stellen)
118	INV RND 4	P1.	FF-00-04 109	Runden auf 4 Stellen
119	=	P1.	E5 110	
120	GOTO 0	P1.	F1-00 111	

x Durch: "MR 6" wird α_m mit 10 Stellen angezeigt.

5. ANMERKUNG:

Die α_m-Werte nach (8) liegen teilweise etwas unter den Meßwerten nach [1]. Nach anderen Messungen liegen die errechneten Werte nach (8) aber auch höher.

6. LITERATUR

[1] W. Elenbaas, Physica 9 (1942), S. 1 ... 28

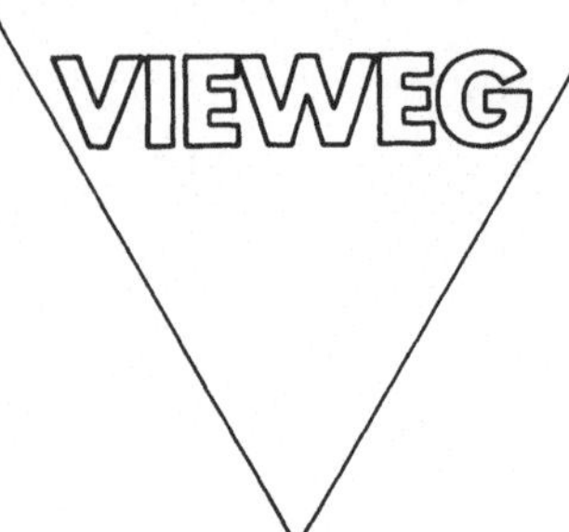

Harald Nahrstedt

Maschinenelemente für AOS-Rechner

Teil I: Grundlagen, Verbindungselemente, Rotationselemente

1981. VI, 171 S. mit 17 vollst. Progr., 90 Abb. und 42 Tab. 16,2 X 22,9 cm. (Anwendung programmierbarer Taschenrechner, Bd. 9.) Br.

Inhalt: Maschinenelemente: Grundlagen der Programmierung nach MINIKON – Programmaufbereitung für Schweißverbindungen – Reibschlußverbindungen – Formschlußverbindungen – Schraubverbindungen und elastische Federn sowie Programme zur Berechnung der Durchbiegung von Achsen und Wellen und zur Bestimmung von Wälzlagern.

Teil II: Antriebselemente und Elemente zur Stoffübertragung

1983. VI, 150 S. mit 78 Abb., 49 aufgel. Komment. und 18. ausgew. Beisp. 16,2 X 22,9 cm. (Anwendung programmierbarer Taschenrechner, Bd. 20.) Br.

Dieser Band dient als Ergänzung zu Teil I. Die Beispiele sind als Anregung zum Erstellen eigener Programme gedacht und zeigen Methodik und Möglichkeiten des Einsatzes von Algorithmen in diesem Fachgebiet. Die Grundlagen des Berechnungsablaufes werden kurz und übersichtlich einführend erläutert. Die Aufbereitung der Programme wird mit den Methoden der Informatik klar wiedergegeben.